智能家居的技术与应用

赵中堂 著

中国纺织出版社

内 容 提 要

伴随着经济的发展,人们对现代高品质生活需求日益增长,在这个大背景下,智能家居作为品质生活的代表,成为大家追捧的对象,也是未来家庭生活的必然趋势。目前市面上智能家居品牌越来越多,家电、网络业巨头纷纷试水智能家居市场,研究智能家居技术成了一大课题。与此同时,随着人们居住环境的升级,其对家居的方便、高效、安全、舒适等应用性能也产生了浓厚的兴趣。本书即阐述智能家居的发展及现状、智能家居的技术与应用。

图书在版编目(CIP)数据

智能家居的技术与应用 / 赵中堂著. —北京:中国纺织出版社,2018.3

ISBN 978-7-5180-3258-7

Ⅰ.①智… Ⅱ.①赵… Ⅲ.①住宅－智能化建筑
Ⅳ.①TU241

中国版本图书馆CIP数据核字(2017)第021072号

责任编辑:汤 浩　　　　　　　　责任印制:储志伟

中国纺织出版社出版发行
地　　址:北京市朝阳区百子湾东里A407号楼　邮政编码:100124
销售电话:010—67004422　传真:010—87155801
http://www.c-textilep.com
E-mail:faxing@c-textilep.com
中国纺织出版社天猫旗舰店
官方微博 http://weibo.com/2119887771
虎彩印艺股份有限公司印刷　各地新华书店经销
2018年3月第1版第1次印刷
开　　本:880×1230　1/32　印张:6.1875
字　　数:155千字　定价:52.50元

前　言

近年来，伴随着我国人民生活水平和消费能力的不断提高，人们逐渐开始向往更加舒适安逸、更加方便快捷的家居环境，新需求不断增加以及信息化对人们传统生活的剧烈冲击，使得许多人尤其是先富起来的那一群人对智能家居的需求日益强烈。在智能家居控制系统中，各种智能电器与功能各异的传感器配合着有线连接技术与无线连接技术，完成对整个家居环境中各种设备的控制及监测；同时，智能家居系统也可以通过Internet网络与外部世界紧密联系在一起，从而轻松实现家居环境与外部信息世界的互联互通，大大方便了人们的日常生活与出行活动。由此，智能化小区建设近年来如火如荼，智能家居市场十分火热，各类产品层出不穷，全国总体求购指数呈现出指数式疯狂增长。其中，智能家居产品在防盗报警和楼宇控制等领域使用得比较多；从用户角度来看，家居控制和家居环境、娱乐的市场需求较为迫切。

据中国产业调研网发布的中国智能家居行业现状调研及发展趋势分析报告（2016—2022年）显示，虽然目前在国内智能家居还是一个新兴的行业，但是它正以不可抵挡之势迅速崛起，正在成长为一个巨大的开放市场。自智能家居走进中国以来，在短短几年的光阴里，智能家居生产商由最初寥寥无几的几家代工销售公司增加到当今的百余家集研发、生产与销售一体化的大型企业，正在逐步形成一个日趋完善的产业链，其行业发展之迅速，是目前国内任何其他行业难以望其项背的。随着智能家居热潮在世界范围内的日渐兴起、中国电子技术的飞速发展与各类专业电子人才的不断完备、人们生活水平的不断提高以及智能电子技术在生活中的广泛应用，家居智能化已经成为我国未来家居装饰潮流发展的重要方向之一。从目前的发展趋势来看，在可以预见的至少20年时间里，智能家居行业依然会成为中国的现代主流行业之一，其市场前景是非常可观的。

在当今信息化社会中，人们不仅仅需要舒适的居家环境，更需要一个智能化、信息化、便捷化的能"读懂"人们心思的家居环境。随着整个社会的信息化速度加快，越来越多的通信技术、信息技术渐渐展现在人们生活中，人们的生活、生产方式随着技术的进步在发生着翻天覆地的改变。物联网（The Internet of Things）概念的应运而生，更是加速了智能家居技术的发展与完善。在现代智能家居的概念中，许多人们日常使用的基本家居物品（Intelligent Objects）都可以互相交流、相互沟通，这正是符合物联网"万物互连（联）的互联网"的定义。

智能家居又称智能住宅、智慧住宅，在国外常用Smart或Intelligent Household表示。智能家居的定义有许多种，现如今大众比较认同的一种说法为：智能家居是基于已有家居环境，利用综合布线技术、自动控制技术、安全防范技术、网络通信技术、音视频技术将日常生活有关的设施集成，构建高效、便捷的住宅设施与家庭日程事务的管理系统。智能家居的主要益处就是让人们的生活、生产空间更加简便易用、更加舒适安逸、更加绿色健康、更加节能高效，为人们提供一个"智慧生活空间"。

虽然智能家居的概念提出已久，但是距离可以真正投入实际使用的较为稳定可靠的系统仍然相当遥远，直到1984年美国联合科技公司（United Technologies Building System）将建筑设备信息化、模块化、智能化概念应用于美国康涅狄格州（Connecticut）哈特佛市（Hartford）的 City Place Building 时，"建筑物的智能化"终于露出庐山真面目，这是世界上可投入实际使用的第一套智能家居系统，从而大大地激发了人们对于构建智能家居的神经与热情，至此世界各个发达国家争先恐后地将智能家居设备实际使用到建筑物上。通过一套完整的智能家居设备，人们可以更加简单、方便、直观地了解、控制自己家中的各种电气化设备。例如，可以通过 4G/3G/2G 移动网络查看家中的摄像机当前拍摄的即时画面，即远程监视，以确定家中目前的情况；也可以通过手机短信或WIFI网络来控制家中空调、冰箱、洗衣机、电饭煲、饮水机、热水器等家用电器设备，即远程控制。智能家居系统还可以增加串口，将家居基本安全设备、炫目灯光控制、多种类型用途各异的传感器及其他专用设备囊括其中，它所包含的范围特别广。与传统的家居空间相比较，智能家居不仅提供了更舒适、更便捷、更人性的生活活动空间，还能使整个家居生态环境与外界交换各种各样的信息，大大提高了我们的生活质量与水平。

编者

2017年3月

目 录
CONTENTS

第一章 智能家居概述

第一节　什么是智能家居

"智能家居"这个词目前已经被很多安防设备厂商、楼宇对讲设备厂商、视频监控设备厂商等一些生产专用设备公司广泛地引用，并且他们都声称自己是智能家居厂商。那么到底什么是真正的智能家居？难道仅仅是一个个独立的功能专一的个体？于我而言，智能家居是通过综合集成先进的计算机（Computer）、通信（Communicate）和控制（Control）技术（故又称之为"3C"技术），建立一个由家庭安全防护系统、网络服务系统和家庭自动化系统有机地结合在一起，组成的家庭综合服务与管理集成系统，通过集中管理、综合应用、单独控制，让家庭生活空间更加舒适安逸、更加安全高效、更加方便快捷。从而实现全面的安全防护、便利稳定的通信网络以及舒适安逸的居住环境的目的与现实需求。与传统的家居环境相比，智能家居不仅具有传统意义上的日常起居功能，提供安全稳定、高贵品质的舒适生活空间；还由原来的静止"固定"结构转变为具有"能动"智慧的功能手段，帮助家庭内部与外部时时刻刻保持着畅通的信息交流，在根本上优化人们的生活生产方式，甚至节约了各种不必要的能源支出。当前，智能家居的基本预期目标是：将家庭中各种通信设备、家用电器和家庭保护装置，通过有线连接或无线网络的方式连接到一个家庭智能化系统上进行集中管理，完成信息的互联互通，从而实现对家庭内部进行异地的监视、控制和家庭事务性管理的目的，努力保持这些家庭设施与住宅环境的基本和谐共处与协调稳定。智能家居是IT技术（尤其是我们的现代计算机技术）、现代网络技术、现代自动控制技术向传统家电产业不断渗透，综合发展，共同前进的必然结果。在整个社会大背景的层面来看，近年来各行各业的信息化高度发展，通信行业的自由化与深层次化，业务量的指数式急速增长与现代人类对不断发展的工作环境提出更加安全化、更加舒适化、更加具有高效率性要求，造成了当前家居智能行业各式各样设备的需求大为增加，每年的增长速度都在刷新着已有的纪录，在科学技术方面，由于人类在计算机领域的发展、自动控制领域的发展和电子信息通信技术的不断成熟，也促成了智能家居的诞生，进而推动着整个现代科学体系与产业体系共同发展，不断推动着人类文明整体向前发展与进步。

在当前智能家居系统关于未来社会状态的具体规划中，智能家居系统坚持"以人为本"为核心的总体规划原则，一切自始至终都是为了人，始终以人类的第一需求为最高原则，也可以认为是以"人性化"的管理和服务为根本，将这个思想贯穿于整个社会大系统规划的始终。智能家居的集成设计绝对不是仅仅关注各式各样的功能多异的设备展开，这样会变成"以设备为本"。人不是机械设备的奴隶，设备是为人服务的、为提高人们生活水平而存在的，任何与此理念相违背的家居设备都没有存在价值的。智能家居设计者始终都应该站在使用者的角度进行思考、进行设计、进行优化与改进。智能家居的实际使用者和服务对象可分成以下三类。

（1）住户——智能家居中真正意义上的"上帝"，也是我

们设计智能家居设备的最终服务对象。同时，"上帝"们的服务支出费用是智能家居生产商与服务商的主要收入来源，同时也是智能家居系统的直接用户，他们的支持才是我们发展智能家居的原始动力。

（2）社区管理人员——以社区的物业管理者为主，包括小区保安管理工作人员和信息服务管理工作人员，是智能家居为居民服务的管理者和提供者，他们的实际文化素质高低和对智能家居系统的掌握熟练程度最终将直接影响到智能家居系统的实际使用效果和居民对他们服务的满意度。

（3）社会资源部门——包括小区周边便利店、为社区提供网络的运营商、配套的公安消防和医疗救护部门，以及其他一些与社区生活活动紧密相关的可以通过数字城市网络与智能家居系统相连的所有相关部门与机构。该类用户的使用可能牵涉到所有与智能家居住户生活密切相关的部门。在不久的将来，一个充满"数字"的城市中，他们对智能家居的贡献力量更大程度上依靠整个社会智能家居生态系统的建设，包括相关的管理服务体系和日益发达完善的社会网络。

第二节　智能家居的特点分析

随着智能家居技术的不断发展，智能家庭网络随着现代集成网络技术、现代通信网络技术、相互联通相互操作能力和布线标准体系的日益完善而不断改进，它涉及对家庭网络内所有的智能生活器具、电器设备和软、硬件系统的操作、管理，以及各种综合集成技术的实际应用。智能家居软、硬件系统平台的技术越来越呈现出以下特点。

一、技术特点

（一）通过家庭网关

各种家庭智能终端及其配套的系统软件建立起的家居智能操作平台系统。家庭网关是智慧家庭局域网络的核心组成部分，主要完成家庭内部各种信息网络、各种不同家庭电器设备通信协议之间的转换与信息交换及共享，以及同家庭外部通信网络之间的数据交换功能，同时网关一般情况下还兼有负责家庭智能设备的管理和控制。利用现代计算机技术、现代微电子技术、现代通信技术，家庭智能终端（家庭网关）将家庭智能化的几乎所有功能集成串接起来，达到综合控制、综合实现预期目标的要求，使智能家居设备都统一地建立在一个通用平台之上，用最小的硬、软件成本实现最优的控制。首先，实现家庭内部信息网络与外部信息网络之间的数据相互交换；其次，还要保证能够准确识别通过网络传输的指令是否合法，而不是一些不法的"黑客"的非法入侵。因此，家庭智能终端既是家庭信息的交通枢纽，又是信息化家庭的信息安全的神盾。

（二）外部功能

通过外部功能各异的扩展模块实现与家电的互联互通，实现家用电器设备和其他各种各样、功能各异的电子设备的集中、远程管理与控制功能，家庭智能网关通过有线网络或无线网络的方式按照既定的网络通信协议借助外部扩展模块控制家电或照明设

备，满足人们的各种日常生活需求，从而将人类的思维"空暇"彻底地解放出来。这样人们将会有更多时间放在追求实现自我价值的崇高需求上。

（三）嵌入式系统的应用

传统的家庭智能设备中，要实现某种功能时绝大多数是由单片机进行简单控制，但是这样随着人们的需求不断增加，单片机也就必须做出实时的调整与优化。新功能与新需求的不断增加和现代单片机处理性能的不断提高，将处理能力远远超过以往并且具有网络功能的Linux嵌入式操作系统和单片机的控制软件程序结构做出了相应的调整，甚至关键节点的重新部署，使之有机地结合成一个完整的嵌入式实时操作系统，更好地满足人们日益增长的生活需求。

二、系统特点

随着智能家居不断的发展与应用，各种技术（如通信、控制、网络交互技术）也越来越成熟，各种智能家居设备也越来越完善、功能也越来越齐全，目前已经初步实现了以下几个关键技术指标。

（一）实时性——重中之重

物联网在实际应用场景中其前端传感器设备获取的信息一般要求必须实时产生信息，然后这些即时信息通过网络操作层传输至用户手持控制终端（手机），从而完成相应的实时监测及后续的反馈控制操作。而以往的IT应用往往仅仅是获取结果信息，只能做到事后处理，无法实施实时控制，立刻改变状态结果。这也体现了物联网在需求实时监测及反馈控制的场景中的明显优势。

（二）精细化——控制要求

物联网应用往往更加关注产生结果的操作过程，这些过程信息既包括了类似温度、湿度等慢量变化，也包括了房体结构应力、房内家具与电器设备等可能发生突变的物理量等，因此其可以更加准确保证传感器获取信息的准确性，除此之外，这些准确的信息也是为下一步进行精细的数据分析处理，提供了一个良好的基础，有助于进行相应更加有效的改善与校正，从而达到更加有序、更加合理的控制目的，更好地为人们服务。

（三）智能化

物联网应用设备一般情况下可以实现自动获取信息、自动处理信息、自动控制各种相应电器设备的功能要求。某些构架可通过将原有在终端中的信息处理功能的一部分处理任务移交到收集前段感知设备信息的汇聚节点中，从而分担中央处理器少部分的信息处理工作，除此之外，通过对收集信息的长期积累存储与"自我学习"，可分析得出适应特定家庭场景下一定规则的"专家"系统，从而可以实现信息处理规则与居民家庭相适应的不断变化的处理机制。

（四）多样化

一方面，物联网的应用涉及无线传感器网络、有线与无线通信、Internet网络等多个领域技术，因此其可提供的相应技术成熟的产品及完善的服务形态也可以实现多种功能组合的可能。例如，物联网的应用架构中前端感知部分既可采用无线传感网实现，亦可通过RFID等多种技术手段实现，因此其所能够提供的前端感知的信息亦为多种多样的。这也决定了物联网可应用到的领域亦具有多样化的特点。

另一方面，物联网涉及的各个技术领域产品形态及技术手

段，因此其可提供的物联网应用构架亦有多种可能。随着现代通信网络的不断普及，特别是移动通信的网络的普及和广域覆盖为物联网应用提供了网络支撑基础，到了4G时代，多业务、大容量的移动通信网络又为物联网的业务实现基础，而作为物联网信息网络连接载体也可以是多样的。

（五）包容性

物联网的应用有可能需要通过多个基础网络连接，这些基础有可能是有线、无线、移动或是转网，物联网的业务应用网络就是在这些网络组建成新的网络组合，多个网络、终端、传感器组成了业务应用。

物联网应用可将众多行业及领域整合在一起，形成具有强大功能的技术架构，因此，物联网也为众多行业及企业提供了巨大的市场和无限机会。

（六）创新性

物联网带给我们的是一次颠覆性、创新性的信息技术革命。它将人类数字化管理的范围从虚拟信息世界延伸至实物世界，强化了实时处理和远程控制能力，极大地扩展和丰富了现有的信息系统。同时物联网将原有一个个独立的实物管理自动化系统，延伸至远程控制终端，借助现有的无线传感、互联网等众多IT技术，革命性地提升了自动化管理的处理性能和智能水平。

三、硬件特点（也可以称之为"优势"）

（1）维护简单，由于没有复杂的布线，智能家居的系统维护变得非常简单，无须破坏墙面等设施就可以轻松进行维护。

（2）无线自动组网，它能实现无线短距离通信传输，感知信息通过自组织联网实现信息传输。自动组网、自主修复的能力。和上一代采用315M射频技术的智能家居系统相比，Zigbee可以实现自动组网，免去主控机和外围设备之间的手动对码的麻烦，大大简化了智能家居系统的调试，是智能家居系统真正实现智能化。

（3）实现双向通信功能，物联网网络具有双向通信的功能，使安防报警等需要方向通信的模块可以通过无线接入智能家居系统，彻底摆脱布线的烦恼。

（4）性价比高，无线家居移动灵活、扩张性强，还具有低成本、低功耗的特点，符合"低碳生活"的绿色家居概念。

（5）安装简易，无须复杂的布线，用一种简易的方式实现家庭设备联网，实现物与物、人与物之间的信息交互，进而轻松实现家庭设备控制智能化。无线智能家居可以实现简单地进行安装，而不必破坏隔墙，不必购买新的电气设备，系统完全可与你家中现有的电气设备，如灯具、电话和家电等进行连接。各种电器及其他智能子系统既可在家操控，也能完全满足远程控制。

物联传感无线智能家居系统也是可以扩展的系统。最初，智能家居系统可以只与照明设备或目前常用的电器设备连接，将来也可以与其他设备连接，以适应新的智能生活需要。

第三节 智能家居发展背景

智能家居是在互联网影响之下物联化的体现。智能家居通过物联网技术将家中的各种设备（如音视频设备、照明系统、窗

帘控制、空调控制、安防系统、数字影院系统、影音服务器、影柜系统、网络家电等）连接到一起，提供家电控制、照明控制、电话远程控制、室内外遥控、防盗报警、环境监测、暖通控制、红外转发以及可编程定时控制等多种功能和手段。与普通家居相比，智能家居不仅具有传统的居住功能，兼备建筑、网络通信、信息家电、设备自动化，提供全方位的信息交互功能，甚至为各种能源费用节约资金。

智能家居的概念起源很早，但一直未有具体的建筑案例出现，直到1984年美国联合科技公司（United Technologies Building System）将建筑设备信息化、整合化概念应用于美国康涅狄格州（Connecticut）哈特佛市（Hartford）的City Place Building时，才出现了首栋"智能型建筑"，从此揭开了全世界争相建造智能家居派的序幕。

一、家庭自动化（Home Automation）

家庭自动化系指利用微处理电子技术，来集成或控制家中的电子电器产品或系统，例如：照明灯、咖啡炉、电脑设备、保安系统、暖气及冷气系统、视讯及音响系统等。家庭自动化系统主要是以一个中央微处理机（Central Processor Unit，CPU）接收来自相关电子电器产品（外界环境因素的变化，如太阳初升或西落等所造成的光线变化等）的信息后，再以既定的程序发送适当的信息给其他电子电器产品。中央微处理机必须通过许多界面来控制家中的电器产品，这些界面可以是键盘，也可以是触摸式荧幕、按钮、电脑、电话机、遥控器等；消费者可发送信号至中央微处理机，或接收来自中央微处理机的信号。

家庭自动化是智能家居的一个重要系统，在智能家居刚出现时，家庭自动化甚至就等同于智能家居，今天它仍是智能家居的核心之一，但随着网络技术在智能家居的普遍应用，网络家电/信息家电的成熟，家庭自动化的许多产品功能将融入这些新产品中去，从而使单纯的家庭自动化产品在系统设计中越来越少，其核心地位也将被家庭网络/家庭信息系统所代替。它将作为家庭网络中的控制网络部分在智能家居中发挥作用。最有名的家庭自动化系统为美国的X-10。

二、家庭网络（Home networking）

首先大家要把这个家庭网络和纯粹的"家庭局域网"分开来，我们在本书中还会提到"家庭局域网/家庭内部网络"这一名称，它是指连接家庭里的PC、各种外设及与因特网互联的网络系统，它只是家庭网络的一个组成部分。家庭网络是在家庭范围内（可扩展至邻居、小区）将PC、家电、安全系统、照明系统和广域网相连接的一种新技术。当前在家庭网络所采用的连接技术可以分为"有线"和"无线"两大类。有线方案主要包括：双绞线或同轴电缆连接、电话线连接、电力线连接等；无线方案主要包括红外线连接、无线电连接、基于RF技术的连接和基于PC的无线连接等。

家庭网络相比起传统的办公网络来说，加入了很多家庭应用产品和系统，如家电设备、照明系统，因此相应技术标准也错综复杂，这里面也牵涉太多知名的网络厂家和家电厂家的利益，我们在智能家居技术一章中将对各种技术标准作详细介绍。家庭网络的发展趋势是将智能家居中其他系统融合进去，最终一统天下。

三、网络家电

网络家电是将普通家用电器利用数字技术、网络技术及智能控

制技术设计改进的新型家电产品。网络家电可以实现互联组成一个家庭内部网络，同时这个家庭网络又可以与外部互联网相连接。可见，网络家电技术包括两个层面：首先就是家电之间的互联问题，也就是使不同家电之间能够互相识别，协同工作。第二个层面是解决家电网络与外部网络的通信，使家庭中的家电网络真正成为外部网络的延伸。

要实现家电间互联和信息交换，就需要解决：①描述家电的工作特性的产品模型，使得数据的交换具有特定含义；②信息传输的网络媒介。在解决网络媒介这一难点中，可选择的方案有：电力线、无线射频、双绞线、同轴电缆、红外线、光纤。认为比较可行的网络家电包括网络冰箱、网络空调、网络洗衣机、网络热水器、网络微波炉、网络炊具等。网络家电未来的方向也是充分融合到家庭网络中去。

四、信息家电（3C 或者说IA）

信息家电应该是一种价格低廉、操作简便、实用性强、带有PC主要功能的家电产品。利用电脑、电信和电子技术与传统家电（包括白色家电，电冰箱、洗衣机、微波炉等；黑色家电，电视机、录像机、音响、VCD、DVD等）相结合的创新产品，是为数字化与网络技术更广泛地深入家庭生活而设计的新型家用电器，信息家电包括PC、机顶盒、HPC、DVD、超级VCD、无线数据通信设备、视频游戏设备、WEBTV、INTERNET电话等等，所有能够通过网络系统交互信息的家电产品，都可以称之为信息家电。音频、视频和通信设备是信息家电的主要组成部分。另一方面，在传统家电的基础上，将信息技术融入传统的家电当中，使其功能更加强大，使用更加简单、方便和实用，为家庭生活创造更高品质的生活环境。比如模拟电视发展成数字电视，VCD变成DVD，电冰箱、洗衣机、微波炉等也将会变成数字化、网络化、智能化的信息家电。

从广义的分类来看，信息家电产品实际上包含了网络家电产品，但如果从狭义的定义来界定，我们可以这样做一简单分类：信息家电更多的指带有嵌入式处理器的小型家用（个人用）信息设备，它的基本特征是与网络（主要指互联网）相连而有一些具体功能，可以是成套产品，也可以是一个辅助配件。而网络家电则指一个具有网络操作功能的家电类产品，这种家电可以理解成是我们原来普通家电产品的升级。信息家电由嵌入式处理器、相关支撑硬件（如显示卡、存储介质、IC卡或信用卡等读取设备）、嵌入式操作系统以及应用层的软件包组成。信息家电把PC的某些功能分解出来，设计成应用性更强、更家电化的产品，使普通居民步入信息时代的步伐更为快速，是具备高性能、低价格、易操作特点的Internet工具。信息家电的出现将推动家庭网络市场的兴起，同时家庭网络市场的发展又反过来推动信息家电的普及和深入应用。

第四节　智能家居的子系统

智能家居系统一般包括以下八个子系统。

（一）家居布线系统

智能安防系统是以住宅为平台，利用综合布线技术、网路通

信技术、安全防范技术、自动控制技术将家居生活有关的设施集成，构建高效的住宅设施与家庭事务管理系统。在智能化住宅小区的周边及内部设置安全防范系统，并在家庭内设置可视对讲、防盗报警探测器、紧急求助和报警按钮、可燃气体探测报警等家庭安全防范系统，设置三表（或四表）出户计量系统，家电控制以及电视、电话和计算机网络服务，为住户需求的高速通信提供可能。家庭智能化部分与信户生活息息相关，不但满足了住户生活的舒适性、便利性，改善住户居住环境，提高住户生活水平，改变住户生活方式，是小区智能化的核心。

（二）家庭网络系统

物业管理中心与家庭智能终端联网，对住户发布信息，住户可通过家庭智能终端的交互界面选择物业管理公司提供的各种服务。相信不久的将来，甚至日常器具也可以通过增加其内在智能，在网络上发送信息。统一的网络结构和控制平台，灵活的接入方式，高可靠性和兼容性，低成本，提供舒适、安全和高效的家庭环境，是研究智能家庭网络的目标。家电控制是智能家居集成系统的重要组成和支持部分，代表着家庭智能化的发展方向。通过有线或无线的联网接口，将家电、灯光与家庭智能终端相连，组成网络家电系统，实现家用电器的远程控制。

（三）智能家居（中央）控制管理系统

作为小区智能化系统的核心，智能家居（中央）控制管理系统通过其核心设备——家庭智能终端来实现家庭智能化的功能。家庭智能终端是智能家居的心脏，通过它实现系统信息的采集、信息输入、信息输出、集中控制、远程控制、联动控制等功能。包括设备的智能化的人机设置及控制界面、遥控器控制及设备的远程监视、控制（包括电话远程控制、远程IP控制等）。一般情况下，智能主控机内置Web网页，在主控机连接到互联网的前提下，用户可以通过任何一台上网设备连接到智能主控机的Web网页，实现远程控制家居设备、监视家居设备状态、视频监控等功能。

（四）家居照明控制系统

包括灯光的单一控制和情景控制、远程控制及遥控控制。单一控制指对每一个灯光设备的单独控制；情景控制指按下一个键把多个灯光设备调整到它们预先设定的状态。比如，所有灯光设备全关、全开及特殊的场景控制。实现对全宅灯光的智能管理，可以用遥控等多种智能控制方式实现对全宅灯光的遥控开关，调光，全开全关及"会客、影院"等多种一键式灯光场景效果的实现。并可用定时控制、电话远程控制、手机控制等多种控制方式实现功能，从而达到智能照明的节能、环保、舒适、方便的功能。

（五）家庭安防系统

安全是居民对智能家居的首要要求，家庭安防由此成为智能家居的首要组成部分。可以实时保证家庭安防报警、门窗磁报警、紧急求助报警、燃气泄漏报警、火灾报警等。当家庭智能感应端处于布防状态时，红外探头探测到家中有人非法闯入或者有人走动，就会自动报警，通过蜂鸣器和语音实现本地报警；同时，报警信息报到物业管理中心，还可以自动拨号到主人的手机或电话上。同时启动相关电器进入应急联动状态，从而实现主动防范。可被接入的探测设备包括门磁开关、紧急求助、烟雾检测报警、燃气泄漏报警、碎玻探测报警、红外微波探测报警等。

家庭内大多数的子系统和设备都以通过智能家庭网络联网实现自动化。

（六）背景音乐系统

当早晨第一缕阳光轻抚你的脸庞时，智能主机根据您设定的时候自动播放（如TVC平板音响），躺床上就可欣赏到动听的音乐，让本身慵懒的身体状态顿时振奋，为迎接美好的一天奠定了良好的心情基础；当我们忙碌在厨房准备一顿美餐时，手机控制开启背景音乐系统就可以在准备美餐的同时听到舒缓的乐声。智能家居中的背景音乐系统让人们感受到音乐无所不在，大众所熟悉的背景音乐通常在商场、酒店、商务会所中有所体现，柔和的音乐带领消费者完美的视觉体验。近年来，随着智能中控系统的飞速发展，智能控制化的系统开始在家居生活中频频出现，大众对于音乐文化生活要求的提高致使数字家庭对于音乐的需求也在发生着突飞猛进的变化。

（七）家庭影院与多媒体系统

家庭影院为住宅提供了舒适性、艺术性的视听享受。在国外成熟的智能家居套装中，家庭影院是作为改善居住品质的一个重要内容。在国内，普遍对家庭影院认识不清，认为一台电视+一台播放机+两个音箱就是家庭影院，这其实是一种误解，是被那些DVD厂商和一些功放音箱生产厂商所误导混淆的家庭影院概念。家庭影院系统包括家庭影院和背景音乐系统，能使人随时享受到奢华的视听感受。背景音乐系统可将音乐传递到客厅、卧室、厨卫等任何室内空间，让人们随时欣赏天籁音乐。

（八）家庭环境控制系统

中央新风系统能够进行室内空气置换、净化、流动，在排除室内污染空气的同时，输入100%自然新鲜空气，并经过有效过滤、杀菌、增氧、灭毒、预热等多项处理后再送入室内。随着居住条件的不断改善，人们对室内采暖也提出了新的要求，户式独立采暖系统可分室控制，自由设定各区域温度，一天24小时编程，实现节能与舒适的完美结合。同时，水处理系统包括前置过滤、净水、软水、纯水、末端直饮水机等设备。前置过滤设备安装与入户总管道口，可过滤供水管网中产生的沉淀杂质，对水管和安装在水管上的积水设备起到预保护作用。热水系统可实现24小时恒温热水，即开即热，使用极为方便，满足多点、同时、大量用水的需要。该系统特别适用于有多个卫生间的大房型、复式房或别墅等。

目前，随着时代的发展，智能家居系统已经得到越来越广泛的应用，尤其是在很多高档私人别墅、高级商务酒店都有安装。智能家居系统满足了人们对家居住宅的健康舒适、智能化的高品质需求，更充分地舒缓心情，使得居住环境不仅更加便利，而且提升了安全性、节能性。

第二章 智能家居的现状与发展

第一节 智能家居国内现状

智能家居作为一个新生产业，处于一个导入期与成长期的临界点，市场消费观念还未形成，但随着智能家居市场推广普及的进一步落实，培育起消费者的使用习惯，智能家居市场的消费潜力必然是巨大的，产业前景光明。正因为如此，国内优秀的智能家居生产企业愈来愈重视对行业市场的研究，特别是对企业发展环境和客户需求趋势变化的深入研究，一大批国内优秀的智能家居品牌迅速崛起，逐渐成为智能家居产业中的翘楚!智能家居至今在中国已经历了20年左右的发展，从人们最初的梦想，到今天真实地走进我们的生活，经历了一个艰难的过程。智能家居在中国的发展经历了四个阶段，分别是萌芽期、开创期、徘徊期、融合演变期。

1. 萌芽期/智能小区期（1994—1999年）

智能家居在中国的第一个发展阶段，整个行业还处在一个概念熟悉、产品认知的阶段。这时还没有出现专业的智能家居生产厂商，只有深圳有一两家从事美国X-10智能家居代理销售的公司从事进口零售业务，产品多销售给居住在国内的欧美用户。

2. 开创期（2000—2005年）

国内先后成立了五十多家智能家居研发生产企业，主要集中在深圳、上海、天津、北京、杭州、厦门等地。智能家居的市场营销、技术培训体系逐渐完善起来，此阶段，国外智能家居产品基本没有进入国内市场。

3. 徘徊期（2006—2010年）

2005年以后，由于上一阶段智能家居企业的野蛮成长和恶性竞争，给智能家居行业带来了极大的负面影响：包括过分夸大智能家居的功能而实际上无法达到这个效果、厂商只顾发展代理商却忽略了对代理商的培训和扶持导致代理商经营困难、产品不稳定导致用户高投诉率。行业用户、媒体开始质疑智能家居的实际效果，由原来的鼓吹变得谨慎，市场销售也出现过增长减缓甚至部分区域出现了销售额下降的现象。2005—2007年，大约有20多家智能家居生产企业退出了这一市场，各地代理商结业转行的也不在少数。许多坚持下来的智能家居企业，在这几年也经历了缩减规模的痛苦。这一时期，国外的智能家居品牌却暗中布局进入中国市场，活跃在市场上的国外主要智能家居品牌都是这一时期进入中国市场的，如罗格朗、霍尼韦尔、施耐德、Control4等。国内部分存活下来的企业也逐渐找到自己的发展方向，例如深圳索科特做了空调远程控制，成为工业智控的厂家。

4. 融合演变期（2011—2020年）

2011年以来，市场明显看到了增长的势头，而且大的行业背景是房地产受到调控。智能家居的放量增长说明智能家居行业进入了一个拐点，由徘徊期进入了新一轮的融合演变期。接下来的几年，智能家居一方面进入一个相对快速的发展阶段，另一方面协议与技术标准开始主动互通和融合，行业并购现象开始出现甚至成为主流。

今后五到十年，将是智能家居行业发展极为快速，但也是最

不可捉摸的时期，由于住宅家庭成为各行业争夺的焦点市场，智能家居作为一个承接平台成为各方力量首先争夺的目标。谁能最终胜出，我们可以做种种分析，但最终结果也许只有到时才知。但不管如何发展，这个阶段国内将诞生多家年销售额上百亿元的智能家居企业。在国内做的一个调查表明，其实国内目前对智能家居感兴趣的人在95%左右。消费者对于智能家居太贵、实用性这方面比较担忧，价格是最大的问题。据调查，有65%的消费者愿意花1000~30000元人民币打造智能家居，实用性轻智能是当前主流。

谈起国内智能家居行业的现状，陈小山先生认为国内现状要分三类，第一是标准统一，对品牌无所谓；第二是实用性须着重考虑；第三就是智能家居应无须学习，很多老人担心智能设备装了以后会不会很烦琐、不会用。尽管市场对智能产品的需求多种多样，但我们对于智能家居的要求始终没变——安全、便利、舒适、健康、节能环保，这五点是贯穿智能家居产品的根本。"比如通过云服务，将互联网数据加入逻辑项，结合天气数据，动态地控制花园的洒水系统。如果有设备坏了的时候，就可以自己同步。还有就是云端升级，可以通过远程对系统进行升级。"陈小山先生解释道。"另外在移动端控制方面，需要更友好的用户界面，基本上第一次使用的人就知道哪里是开空调，哪里是开门。我们还做了一个图形界面规则编辑器，用户可以轻松自定义，比如说下班回家，空调是多少度都可以自己在上面做控制，我不喜欢你之前设计的场景我就可以自己编辑"。

随着智能家居市场的发展，消费趋势会从中高端到大众化，更经济，更实用，更易装易调易学易用，从点到面，从单品到系统，从家居到社区再成为一个真正的智慧城市。在陈小山先生看来，"智能家居应该有更友好更智能的方向，这里面就需要软件、云服务、大数据的配合，更互通，以后各类品牌的协议打通以后，对于消费者来讲是非常好的事情"。

同时，国家政策也愈加向智能家居产业倾斜。截至2016年，全球范围内信息技术创新不断加快，信息领域新产品、新服务、新业态大量涌现，不断激发新的消费需求，成为日益活跃的消费热点。我国市场规模庞大，正处于居民消费升级和信息化、工业化、城镇化、农业现代化加快融合发展的阶段，信息消费具有良好发展基础和巨大发展潜力。我国政府为了推动信息化、智能化城市发展也在2013年8月14日发表了关于促进信息消费扩大内需的若干意见，大力发展宽带普及、宽带提速，加快推动信息消费持续增长，这都为智能家居、物联网行业的发展打下了坚实的基础。

增强信息产品供给能力，鼓励智能终端产品创新发展。面向移动互联网、云计算、大数据等热点，加快实施智能终端产业化工程，支持研发智能手机、智能电视等终端产品，促进终端与服务一体化发展。支持数字家庭智能终端研发及产业化，大力推进数字家庭示范应用和数字家庭产业基地建设。鼓励整机企业与芯片、器件、软件企业协作，研发各类新型信息消费电子产品。支持电信、广电运营单位和制造企业通过定制、集中采购等方式开展合作，带动智能终端产品竞争力提升，夯实信息消费的产业基础。

第二节　智能家居国外现状

随着经济的发展，社会信息化的程度不断提高，智能家居的概念逐步走进了人们的生活。几年前一些经济比较发达的国家先后提出了"智能住宅"的概念，住宅智能化是智能家居的先导，智能家居是住宅智能化的核心。那么达到一个什么样的标准才可以称之为智能化家庭呢？智能化家庭与智能大厦概念与定义一样至今尚没有取得一致的认同。美国电子工业协会于1988年编制了第一个适用于家庭住宅的电气设计标准，即《家庭自动化系统与通讯标准》，也有人称之为家庭总线系标准（HBS），以及世界其他各国制定的智能家居的定义与概念，大体上规定了小康住宅小区电气设计总体上应满足以下要求：高度的安全性，舒适的生活环境，便利的通信方式，综合的信息服务，家庭智能化系统。同时也对小康住宅与小区建设在安全防范、家庭设备自动化和通信与网络配置等方面提出了三级设计标准，即第一级为"理想目标"，第二级为"普及目标"，第三级为"最低目标"。

自从世界上第1幢智能建筑1984年在美国出现后，美国、加拿大、欧洲、澳大利亚和东南亚等经济比较发达的国家先后提出了各种智能家居的方案。智能家居在美国、德国、新加坡、日本等国都有广泛的应用。1998年5月新加坡举办的"98亚洲家庭电器与电子消费品国际展览会"上，通过在场内模拟"未来之家"，推出了新加坡模式的家庭智能化系统。它的系统功能包括三表抄送功能、安防报警功能、可视对讲功能、监控中心功能、家电控制功能、有线电视接入、电话接入、住户信息留言功能、家庭智能控制面板、智能布线箱、宽带网接入和统软件配置等。

根据美国该行业之专业顾问公司PARKS的统计资料显示：1995年，美国一个家庭要安装家庭自动化设备的平均费用在7000至9000美元之间。1995年美国家庭已使用先进家庭自动化设备的比率为0.33%，看来市场真正启动尚需时日。到2000年，家庭自动化的市场年平均增长率为8%。PARKS公司的资料亦显示：到2004年，家庭网络市场总额已经达到57亿美元。据国际专家预测，到2000年底国际智能家居的产品销售额达到24亿美元。2004年达到148亿美元。智能家居最终目的是让家庭更舒适、更方便、更安全、更符合环保。随着人类消费需求和住宅智能化的不断发展，今天的智能家居系统将拥有更加丰富的内容，系统配置也越来越复杂。智能家居包括网络接入系统、防盗报警系统、消防报警系统、电视对讲门禁区系统、煤气泄露探测系统、远程抄表（水表、电表、煤气表）系统、紧急求助系统、远程医疗诊断及护理系统、室内电器自动控制管理及开发系统、集中供冷热系统、网上购物系统、语音与传真（电子邮件）服务系统、网上教育系统、股票操作系统、视频点播、付费电视系统、有线电视系统等等，各种新鲜的名词逐渐成为智能家居中的组成部分。

在新加坡有近30个社区（住宅小区）近5000户的家庭采用了家庭智能化系统，美国已有近40000户家庭安装了这一类的家庭智能化系统。三星公司从2016年春节后，在中、韩两国已经初步推出了其智能家居系统布局，通过机顶盒和网络，将家居自动控

制、信息家电、安防设备以及娱乐和信息中心这四部分集成一个全面的、面向宽带互联网的家居控制网络。

第三节　智能家居目前存在的问题分析

早前行业消息，据市场研究机构Digitimes Research称，在物联网市场上，智能家居领域是人们讨论最多的一个领域。然而，这个领域目前还没有形成主流的标准，厂商、内容供应商和其他服务供应商2015年仍将继续尝试如何开拓市场和创造新的商机。

一、智能家居面临的问题

目前，智能家居的普及之路还没有真正打开，而造成这种局面的原因也是多方面的。关于这个问题有几点原因还是要说一下：一是标准问题，二是使用操作问题，三是安全问题，四是价格问题。

智能家居行业从不缺乏标准，但也没有真正的、统一的标准，而这种情况所带来的影响是使市场显得更为混乱，产品之间难以兼容；智能家居是高科技产品，导致一些厂商家为了突显科技含量而使产品的操作难度增大，不利于用户快速接受。安全问题一直都存在，而近年来随着不少智能家居产品安全漏洞的显现而愈发令人担忧。价格问题则是阻碍智能家居进入千家万户的最后一道门槛，只要价格过高，即便产品好，没有其他任何问题，也会成为没人愿意购买的原因。

不可否认，这些问题的确增强了智能家居进一步推广和普及的难度，但阻碍智能家居推广和普及的原因并不止这些。事实上，智能家居过于碎片块，缺乏核心产品也是其中之一。从定义上看，智能家居是"以住宅为平台，利用综合布线技术、网络通信技术、安全防范技术、自动控制技术、音视频技术将家居生活有关的设施集成，构建高效的住宅设施与家庭日程事务的管理系统，提升家居安全性、便利性、舒适性、艺术性，并实现环保节能的居住环境"。这种定义的好处是，智能家居能够以一张网的形式，覆盖用户的各个角落，但这种"好大求全"的形式，也造成了消费者根本不太清楚智能家居为何物，哪一款产品能够代表智能家居。

由于消费者的购买能力有限，智能家居设备又过多，用户又是不大可能一次性购买所有，这时购买什么就成了一个问题。然而，智能家居恰好没有一个产品能够单独被认定为智能家居，以作为智能家居的代表。这种形式看起来可以给用户更多选择，不必拘泥某一款或几款产品，但实际上从一开始就模糊了用户对智能家居的认知，认知不到位，用户不是随意购买产品，而是可买可不买就不买。

有人可能会说，智能单品不错，是一个很好的选择。如果只是玩一玩，的确不错，Nest恒温器就很受欧美家庭欢迎，但是要是我们买回来，估计只有看的份，用不起来。意思倒不是指Nest恒温器需要中央空调，我们大部分家庭没有，才使得它难有用武之地，而是说这种单品的能力过于"专一"，以致"专一"到很多家庭根本都没必要用，烟雾探测器、空气质量探测器等单品也是一样。

二、智能家居厂商如何开拓市场创造商机

明确了智能家居厂商的问题所在，那么厂商要如何开拓市场创造商机呢?以智能家居安防产品来说，产品可大致划分为三个部分。

一是防盗监控设备。监控很好理解，就是智能摄像头，用于实时监控家中的情况，用户可通过手机随时随地查看家里的变化，其中的代表如被Nest5.55亿美金收购的Dropcam。除了智能摄像头外，防盗监控设备还包括人体活动和门窗开关感应设备，例如红外入侵探测器和门窗磁等，这些设备可及时将感应的异常情况传送至用户手机，近日国内知名智能家居企业物联传感所推出的"巨浪"活动套餐主要包含的就是这类产品。

二是消防预警设备。这类设备主要是家庭内部防火防爆。根据针对性的强弱也可分为两个部分：①针对性较强的设备，主要包括烟雾火警探测器和可燃气泄漏探测器，它们在烟雾或可燃气到一定的浓度时就会发出报警，而不是事发后才让用户知晓；②针对性较弱的设备，主要智能开关、智能插座，这类设备可以对一些老化的家电电线使用情况进行及时反馈，甚至可以在发生情况时自动切断电源，做到保护电器和以免火灾发生。

三是环境监测设备。严格意义上来讲，环境监测设备并不属于智能家居安防的一个分支，但考虑到室内环境安全问题，故也将其划到安防这一类。顾名思义，环境监测设备主要是对室内环境进行探测的设备，包括甲醛探测仪、PM2.5探测器、CO_2探测器、空气净化器等，很明显这类设备的功能是实时对空气中某些有害物质的探测和对空气质量的调节。例如海尔"醛知道"，wulian的PM2.5探测器以及几年前面市的墨迹"空气果"等。

在此基础上，智能家居厂商从多方面着手发展智能家居。

（一）行业：生态圈兴起

智能家居平台之争初现，以电商为代表的京东、阿里;BAT的公司为代表的百度和腾讯;以硬件品牌商为代表的联想、海尔、小米、三星等都开始打造自身的生态系统。国外以谷歌、苹果、三星为代表，国内以京东、阿里、腾讯、百度、小米、海尔、联想为代表。从这些平台公司的动作来看，智能家居从单一企业之间的竞争，将演变为一个联盟和另外一个联盟、一个平台和另外一个平台之间的竞争。

（二）产品：互联互通和多种控制方式

1. 不同品牌之间互联互通

各平台商都统一接口，为的是让不同智能硬件产品能够互联互通，数据共享。首先从云数据的对接来看，无论是阿里、百度还是腾讯云，都可以实行对接。其次，同一品牌的产品之间可以获取数据，例如小米手机、手环、路由器;海尔电视、冰箱、洗衣机等都可以实现互联互通。目前，大家都在解决不同品牌之间互联互通的问题。腾讯表示已实现人与设备的连接，目前手机QQ已经增加了"我的设备"的页卡，可以对添加的设备进行管理，接入的设备涵盖电视、空调、空气净化器、插座、灯、窗帘轨、摄像头、体重秤、血压仪等。

无论是小米、海尔，还是京东、百度、腾讯，都表示统一接口，建立开放平台，让更多不同类型和不同品牌的产品实现互联互通。但这一目标仍然难以在竞品之间实现。

2. 手机之外的多种控制方式开始出现

目前，绝大多数的智能家居产品都和手机互联，通过手机

App来对设备进行控制和查看状态，手机成为智能家居产品的最佳控制终端，或许考虑到安全性，目前智能家居产品已出现了触控、语音、手势等多种控制方式。例如，洗衣机、净化器等现在都出现了支持触摸控制的产品，语音控制则更多体现在电视、智能音箱等产品上，而手势控制在水杯、空调、音响上都有应用，至于独立的遥控器指的并不是家电自带的遥控器，而是独立的硬件按键，这样的独立遥控器优势在于通用性强，可以控制各种家电，且不需要手机一样开机解锁打开App一系列动作。

3. 智能硬件价格开始走低但高端产品仍然昂贵

随着小米、乐视、魅族等一批互联网对智能硬件的渗透，无论是电视，还是路由器、空气净化器，都开始以百元、千元以下的产品出现。但这些产品仅是较为简单或低端的智能产品。如果用户选择较为知名的智能家居产品，如飞利浦Hue智能灯泡、Honeywell空气净化器等，包括门窗传感器、电源、智能设备等等，购买全套的智能设备和方案，对于用户来说动辄十几万到上百万的价格仍然造价不菲。

（三）单个价格战VS一条龙服务

为传统家居产品提供智能WIFI模块也是各平台商为扩大合作伙伴的方式之一。小米就是典型代表，而百度则是为传统厂商提供性价比更高的软件，而腾讯则表示，其QQ物联平台目前支持WIFI、蓝牙、GSM、ZigBee、Z-Wave等多种连接方式，从底层和芯片厂商、设备厂商及系统厂商进行合作，直接将SDK写入到智能设备中去，降低了合作伙伴的开发成本和用户的学习成本，手机发现硬件、识别硬件、连接硬件都变得异常简单。

第四节 浅析智能家居的发展机遇

　　智能家居是今后家居领域发展的必然趋势，智能家居未来发展的核心在安防领域。智能安防成为智能生活系统中不可或缺的一部分，安防企业对民用安防产品的关注，家庭网络摄像机、家用红外报警器、门磁探测器、烟雾报警器、漏水检测器也成为智能家居产品的发展方向。不断提高产品质量和性能；未来智能家居产品的操作应当简单明了，向"傻瓜式"方向发展，还要提高操作的趣味性等。智能家居也要考虑环保节能的问题，在操作系统中加入节能设备，对耗电进行智能管理等。制造企业在产业调整和转型中，都需要运用到大数据。今后，数据将成为推进社会进步的第四生产力。市场潜力巨大，同时，智慧家居所依托的大数据分析，也是传统制造企业转型升级的重要途径。

　　比尔·盖茨是国外第一个使用智能家居的家庭，至今快有三十多年的历史了，智能家居控制系统也逐渐走进大家的视野。这两年随着WIFI的普及，无线智能家居逐渐取代了有线产品，在无线领域国内并不落后于国外，同样使用最新Zigbee智能家居，但目前国内智能家居虽有潜力但发展缓慢，人们的消费观和消费能力并不充分。

　　据《中国智能家居设备行业发展环境与市场需求预测分析报告前瞻》分析，目前我国智能家居产品与技术的百花齐放，市场

开始明显出现低、中、高不同产品档次的分水岭，行业进入快速成长期。面对中国庞大的需求市场，预计该行业将以年均19.8%的速率增长，在2015年产值达1240亿元。

智能家居最初的发展主要以灯光遥控控制、电器远程控制和电动窗帘控制为主，随着行业的发展，智能控制的功能越来越多，控制的对象不断扩展，控制的联动场景要求更高，其不断延伸到家庭安防报警、背景音乐、可视对讲、门禁指纹控制等领域，可以说智能家居几乎可以涵盖所有传统的弱电行业，市场发展前景诱人，因此和其产业相关的各路品牌不约而同加大力度争夺智能家居业务，市场渐成春秋争霸之势。现在的智能家居行业，机遇与挑战并存。中国智能家居产业联盟将借助企业、科研院所、产业基地等多方力量，扫清行业发展道路上的"绊脚石"，极力推动智能家居行业步入良性发展的轨道。

目前，随着社会经济水平的不断提高，大家对于生活环境的要求越来越高，与之相配套的智能家居产品越来越受到房地产企业、用户的青睐。在市场需求增长之时，不少家电企业、IT企业、安防企业纷纷转型，投身到这个新兴市场中，推出照明控制、远程监控、智能窗帘等智能家居类产品，满足人们的个性化需求。我国是一个能源消耗大国，对电力的需求十分迫切。每年冬夏季，全国很多地方都闹"电荒"。相关研究报告指出，中国目前的电力缺口是9.93%，到2017年将增至15%，电力形势十分严峻。在建筑运行过程中，照明和空调消耗的电能占到建筑总能耗的半壁江山。因此，设计者需要针对建筑物使用过程中的供暖、通风、空调、照明进行控制，提高能源的利用率。

自适应控制实现节能，楼宇自控系统可以针对不同的受控设备，采用相应的节能控制技术或控制策略，提高机电设备的运行效率。控制器内置节能控制程序。随着技术的不断进步，不少楼宇自控产品生产厂家为了更好地保护客户利益，已将一些通用的节能控制程序内置在控制器中，例如西门子公司的APOGEE（顶峰）旗下的PXC系列控制器，只需输入简单参数后，即可执行节能控制程序。控制器内置节能控制算法对于用户而言，是一个非常好的功能。其作为一种技术发展趋势，将受到越来越多楼宇自控产品生产厂家的青睐。此外，还有一种更先进的控制算法——自适应控制算法。它是基于CyboSoft无模型自适应控制专利软件开发的、以多层神经网络为基础的控制程序。自适应控制是一个复杂的闭环循环控制算法，能自动校正参数，补偿机械的系统、负载、季节性变化。与PID控制相比，自适应控制在动态非线性系统中的响应时间、保持稳态和差错等方面有更出色的表现。

自适应控制能连续对系统特性的变化做出调整，且易于操控。由于不需要复杂的建模过程，自适应控制的响应时间更快，具有更匹配的控制性能。自适应控制可降低培训成本，提高员工的生产力，减少人为错误的概率。自动对季节性和机械特性的变化做出调整。更好地调节回路，实现节能。减少偏移量，延长阀门和执行器的生命周期。减少由循环引起的磨损和破裂。减少末端设备的维护、修理和置换成本。

从地域上来看，北京、华南地区比较活跃。北京高校、科研院所云集，具备雄厚的科技力量优势，华南地区的中小企业多，也较为活跃。"这也和十几年前一样，智能家居这块目前还是小企业更为活跃，大企业在等待时机。"广东华南家电研究院院长孙颖楷向记者表示。"从传统的家具行业角度划分，上游是元器

件厂商，如传感器、芯片等；中游是控制器和控制软件系统厂商，下游是整机厂商。而从信息管理的角度，也可以划分为上游的零部件、中游的智能控制终端产品环节和智能控制中心环节以及下游的移动通信终端应用程序环节。"孙颖楷向记者表示。他还告诉记者："国内近两三年的发展趋势一个是局部的智能家居启动，也就是具备某种特定功能为主的家电设备，如以健康为主题的智能家居设备，现在卫浴、大白电、家庭养生类的厂商都切入进来了。另一方面则是家庭能源管理。"

国内主要的智能家居品牌主要有海尔、美的、东软载波、安居宝、上海索博、广东河东HDL、广东聚晖电子。其中，海尔的定位普遍偏高，普通家庭普及难度大；美的进入市场较晚，智能家居品牌知名度一般；安居宝产品线较为单一，公司规模较小；而广东河东HDL和聚晖电子产品均局限在智能控制方面，整体方案未成熟；东软载波打通上游和中游环节，整合能力较强；小米和新浪也在积极切入智能控制中心和移动终端应用程序环节。

上游：芯片为核心环节，产业价值中等。智能化产品中，必不可少的是芯片和传感器，而智能家居也不例外。芯片环节是智能家居行业的最核心环节，芯片直接反映了技术路线特点和产品性能。据了解，智能家居主流无线通信技术方案主要有电力线载波通信、Zigbee、Z-Wave三种。而从技术产业发展现状来看，电力线载波通信芯片核心技术掌握在东软载波等国内公司手里，具备最核心的基础创新能力和自主知识产权，而Zigbee和Z-Wave两种无线解决方案的芯片制造环节掌握在国外厂商手里，国内厂商需要从国外购买芯片进行产品开发。因此，从该环节来看，我国在电力线载波通信领域的自主创新能力更强。"美国、新加坡的智能家居市场较为成熟。上游元器件技术门槛高，利润率高，也以国外厂商居多。"孙颖楷向记者表示。

中游：产业价值最小，但厂商占市场大半份额。智能家居中游环节包括智能控制终端产品环节和智能控制中心环节。招商证券分析师张良勇认为，在智能控制终端产品环节中，该环节的竞争焦点是能够掌握智能互联终端产品的核心技术，快速推出多样化的系列终端产品，产品系列化和低成本竞争是该环节发展的着眼点。从开发能力来看，国内智能控制类厂商例如英唐智控、和晶科技、和而泰等在智能控制领域具备技术积累的公司具备技术优势。而在智能控制中心环节，该环节的产品体现形式是智能家庭网关，也可以简单理解为将各种安装了智能控制器的家电系统集合起来。

其主要功能是实现智能家居内网信息集成和对外的信息传输，所有配置的智能家居终端产品与智能家庭网关之间应当具备双向实时通信功能，同时智能网关肩负着与用户移动终端（智能手机等）进行控制信息交互的功能。该环节是互联网类公司竞争的焦点，其核心思想是通过掌握智能家庭网关，实现对互联网交互入口的掌控，是另一种形式的"互联网入口之争"。

目前而言，中游的这些智能控制类厂商主要包括国际电气巨头和近年来国内涌现的智能控制系统公司。这类公司对终端消费者可能较为陌生，而实际上他们占据目前智能家居系统市场的大半份额，通常通过房地产开发商获得工程订单。

下游：家电网络化产业价值最大。目前国内还没有成熟的商业模式，这是智能家居"不接地气"的一个重要原因。该环节是最终体现的用户接口，所有智能家居信息最终将通过智能手机上

的应用程序将家居信息进行集成并可视化提供给用户，从而实现24小时实时监控和智能控制。该环节互联网公司具备程序开发和平台优势。

以小米为典型代表，其主要优势在于对智能手机等互联网端口的掌控以及开发互联网应用的能力。"纯粹的白电家具可能会面临危机，而创新型互联网公司如小米，可能走得更快，智能家居需要'才'和'财'兼备。"孙颖楷更看好小而精的思路。对此，中信证券分析师胡雅丽也认为，家电网络化将是产业价值链上最大的环节，其次是上游，最后是中游。

第三章 智能家居的
   技术理念与原则

第一节　智能家居主流品牌

智能家居是以住宅为平台，利用综合布线技术、网络通信技术、安全防范技术、自动控制技术、音视频技术将家居生活有关的设施集成，构建高效的住宅设施与家庭日程事务的管理系统，提升家居安全性、便利性、舒适性、艺术性，并实现环保节能的居住环境。

一、智能家居技术：①有线：销售时机短暂、售后维护复杂、不利新产品推广，无法做后续销售、造价较高，工期较长。②无线Wifi：功耗高，不安全（容易破解），辐射大；射频：点对点传输远，干扰低，功耗低；电力载波：信号容易削弱，对电网稳定性有要求，电网干扰；Z-Wave：挂载少；ZigBee：双向通信，功耗小；AES加密技术安全性高。

二、行业各品牌介绍及优缺点

（一）科比迪

科比迪（武汉）智能家电科技有限公司位于武汉市东湖新技术开发区。公司致力于智能化控制产品、智能家居控制系统主机的研发，集产品设计、生产营销、售后支持为一体，并可提供个性化服务，全面满足您智能化的需求。公司拥有强大的高素质研发团队，秉承多年来自主创新的精神，产品涵盖项专利项目。突破传统思维，在物联时代，将现实的世间万物与虚拟的互联网整合为统一的整合网络。公司推出智能家居控制系统网络各种传感器、移动终端，实现在线监测、报警联动、远程控制、安全防范等功能，可应用于工业系统、楼控系统、家庭智能设施、视频监控系统等。科比迪为您建设起家居舒适、智能、灵动的新篇章。坚实的基础已经奠定，新世纪发展的蓝图早已形成，"纵横天地、挥斥方遒"，科比迪（武汉）智能家电科技有限公司对未来蓄势待发，力争与合作商携手，共同创造世界智能家居行业的辉煌！

（二）ABB

ABB集团位列全球500强企业，集团总部位于瑞士苏黎世。ABB是电力和自动化技术领域的领导厂商。ABB的技术可以帮助电力、公共事业和工业客户提高业绩，同时降低对环境的不良影响。其整个系统只需一条i-bus总线，没有大量的电缆附设和繁杂的控制设计。通过时钟，光线控制设定，自动运行到最佳状态，合理节约能源，方便管理和维护，提高效率。驱动器安装体积小，可安装在照明箱中，无须定制特殊箱体，尤其适合于别墅安装空间小的环境。现场控制面板（Triton面板）可现场记忆场景，随时可对场景控制效果进行调整。

（三）索博

上海索博智能电子有限公司，是国际型智能家居专业生产企业，拥有亚洲最大的智能家居研发中心，也是最早将荷兰PLC-BUS及美国X-10等成熟智能家居产品引入中国的国内智能家居龙头企业。作为智能家居行业的导航者，目前产品有一半以上供应国内市场，另一半产品远销美国、英国、瑞典、荷兰、新加坡、马来西亚和泰国、澳大利亚等七十多个国家和地区，生产包括

EON3、S-10、PLC-BUS在内的五十个品牌的智能家居产品，已成为国际型的智能家居产品生产源。

（四）罗格朗

法国罗格朗公司成立于1860年，集团总部位于法国利摩日市。罗格朗智能系统是一款专门为家居量身定做的智能系统，在新装修的建筑和已经装修好的建筑中都可以使用罗格朗智能系统。罗格朗智能系统以它的多功能为主要特点，涉及灯光、温度、背景音乐、安防报警、视频监控、远程控制各种产品模式的组合，这些都是罗格朗智能系统可以实现的，而不需要与其他外部系统连接；罗格朗智能系统还拥有更方便的控制手段来管理家庭设备。该系统是基于总线和无线电技术，这使得随后的安装升级更容易。

（五）快思聪

美国快思聪公司是全球领先的高端智能控制系统和集成方案的设计和制造商，它的总部位于美国的新泽西州。作为全球智能控制应用领域中领军品牌的快思聪，核心产品主要分控制、媒体、场景三类。它的系统集成解决方案被半数以上的世界财富500强企业所采用；它在进入中国市场十几年的历程里，已经占有中国智能家居领域高端市场60%的市场份额。快思聪在中央控制系统方面独具优势，一个稳定顺畅的中控系统就像人的大脑，所有智能化产品都要通过中央控制系统去分配执行。在整个智能家居行业中，快思聪在中控系统领域的技术可以说是独占鳌头。

（六）施耐德

法国施耐德是全球能效管理专家，在能源与基础设施、工业过程控制、楼宇自动化和数据中心与网络等市场处于世界领先地位，在住宅应用领域也拥有强大的市场能力，致力于为客户提供安全、可靠、高效、经济以及环保的能源。施耐德智能家居控制系统主要用于灯光控制、遮阳控制和风机盘管控制及暖气控制，控制方式多样、灵活，例如现场智能面板控制、人体感应控制、光线感应控制、现场面板控制、中央电脑控制、气象感应控制等，现已广泛应用于各种智能住宅项目，其中方便舒适的智能家居控制是该系统在现代化智能住宅中的一个应用亮点。

（七）霍尼韦尔

霍尼韦尔国际公司是一家在技术和制造业方面占世界领先地位的多元化跨国公司，在全球，其业务涉及航天航空产品及服务；住宅及楼宇控制和工业控制技术；自动化产品；安防产品；特种化学、纤维、塑料、电子和先进材料以及交通和动力系统及产品等领域，总部设在美国新泽西州莫里斯镇。家庭自动化控制系统是霍尼韦尔居领导地位的核心优势产品之一，为用户实现真正的智慧家居，它完整地将可视对讲、安全防范、空调控制、场景联动等功能整合于一体。软硬件平台的可靠与稳定来源于其自动化控制领域深厚的底蕴。

（八）波创

波创智能家居是十大智能家居品牌，国内知名智能家居制造商、提供商，从属于深圳市波创科技发展有限公司。波创企业集团以创新为灵魂，专业化为目标，坚持以智能家居、数字家庭、地产科技为产业方向，在"做专、做精、做到最好"的企业发展道路上快速、稳定地推进，朝着专业化研发、专业化制造、专业化营销的企业团体发展。2012年十大智能家居品牌排名第十，波创智能家居是国家重点高新技术企业。

（九）聪明屋

深圳市聪明屋智能家电科技有限公司成立于2010年，注册资金1000万元人民币，是全球领先的智能家居及物联网智慧城市、智慧小区配套产品的制造商和系统方案提供商。公司依托专业的技术人才和雄厚的资金实力，大力发展智能家居及物联网事业，产品同时向全球市场推广，公司以国家十二五物联网政策方针为导向，目前已经开发出智能家居、智慧教育、智慧医疗等智能物联网产品，较同类产品相比，"聪明屋"系列产品有价格低廉、安装简单方便、实用性强等显著优点。为真正普及和推广智能家居事业奠定坚实的基础，为老百姓过上智尚生活做出贡献。

（十）安居宝

安居宝智能家居是国内最具知名度智能家居品牌，是属于广东安居宝数码科技股份有限公司。安居宝是广东安居宝数码科技股份有限公司主打品牌，是国内最具市场竞争力的安防品牌之一。该公司是一家集研发、生产、销售、服务为一体的高科技企业，主要产品为楼宇对讲、报警及智能家居产品。

以上各个公司产品优劣对比如表3-1。

表3-1 智能家居产品优劣比较

项目	有线（总线）	无线			
典型技术	C-bus	射频 RF	Zigbee	电力载波 PLCBUS	电力载波 X-10
典型厂家	施耐德、快思聪、罗格朗、霍尼韦尔瑞讯	科比迪聪明屋安居宝	科比迪聪明屋	索博 ABB	索博
缺点	1. 销售时机短暂 2. 售后维护复杂 3. 不利新产品推广，无法做后续销售 4. 造价较高，工期较长	1. 蓝牙：通信距离太短，同时属于点对点通信方式 2. Wifi 功耗高不安全容易破解辐射大 3. 射频：易干扰；串网；挂载少 4. 电力载波：信号容易削弱，对电网稳定性有要求，电网干扰			
应用范围	主要应用于体育场等楼宇智能化	主要应用于办公与小房型住宅	适用于住宅与楼宇智能化	同时适合于住宅与楼宇智能化	在国外广泛应用，较多
适用性	只适用于未装修户	同时适合于已装修与未装修户	同时适合于已装修与未装修户	适合于已装修与未装修户，并可应用楼宇控制	同时适合于已装修与未装修户
是否需布线	需要另外布线	无须重新布线	无须重新布线	无须重新布线	无须重新布线
双向通信	双向通信，可反馈与查询灯或电器的状态与灯亮度	单向通信	双向通信	双向通信，可反馈与查询灯或电器的状态与灯亮度	单向通信

第二节　智能家居的设计理念

本节针对智能照明、全宅无线网络、背景音乐、家庭影院、电动窗帘控制、空调控制、安防控制等六个系统的功能给予简要描述。

一、智能照明系统

通过电脑、遥控、开关对照明灯光起到开关、定时、场景控制。开关功能：开灯时，灯光可缓缓亮起，关灯时，灯光可慢慢地变暗，然后熄灭。定时功能：假如你长期出门在外，你可以在晚间设置好让家中的灯光自动开启和关闭，可以起到警示的作用。场景功能：如会客、读书、听音乐、晚餐模式、影院模式等等，对各种（组）灯光的变幻组合并能将这些场景实现"一键式"存储和开启。每个灯在不同场景中各自的状态和亮度均可设置并记忆，使用时只需轻轻一按，复杂的灯光效果即刻呈现。

二、全宅无线网络系统

实现全宅无线网络化，可轻松上网。也可实现家庭局域网中资源共享。

三、背景音乐、家庭影院系统

通过电脑或MP3、唱片机播放音乐。可针对全宅或单独房间播放音乐。也可对其进行定时播放，如设置早晨播放起床音乐。通过电脑等对家庭所有电视连接，可共同或独立播放电影等。

四、电动窗帘控制系统

设置定时开起窗帘，或直接用遥控开关窗帘。

五、空调控制系统

通过远程控制，对空调进行开关和温度调节。也可对其进行定时定温设置。

六、安防控制系统

红外防控，在别墅的四周安装红外对射栅栏，在设防状态下，如果有任何非法进入时，报警系统会启动。视频监控：在房子的外围及内部可安装多处视频监控点，通过便利的互联网就可以看到家中一天24小时内发生的所有情况。在您长期出门在外时，它可以将家中30天×24小时内所发生的一切全部记录下来，回家后您可以一一进行回放。甚至在您出门在外的过程中，它还可定时定量地给你的邮箱、手机发送相关捕捉的图像。当家中出现异常状况时，视频监控系统还可以自动拨打电话报警和预设电话。防火监控：在衣帽间、厨房和餐厅安装烟感探头和煤气探头，当有烟雾和煤气泄漏时发出信号，系统会立刻响铃报警，系统会立刻响铃报警，也可自动拨打电话报警和预设电话。门/窗破入感应报警：当家中安防设备都进行布防后，如果门窗被非法破坏后闯入，系统会立刻响铃报警，也可自动拨打电话报警和预设电话。当回家后可对安防控制系统进行撤防。

智能家居有一个重要特点，就是要个性化定制，正如家庭的装修、家电设备、衣物和玩具等，智能家居的选配和安装需要家庭用户自己的参与，因此智能家居DIY是将来的方向。在未来的时间里，将会在大街小巷出现很多智能家居（家庭自动化）产品的专卖店。

对于老百姓来讲，舒适便利的生活是每个家庭追求的目标；而智能家居作为提高生活质量的一种手段，确实能给人们的生活带来好的改变，让人们享受到科技给生活带来的乐趣与方便。自己动手来打造属于自己的智能家居不仅能体验DIY的乐趣，而且还能让自己的家居格外与众不同！

第三节　智能家居的设计原则

衡量一个住宅小区智能化系统的成功与否，并非仅仅取决于智能化系统的多少、系统的先进性或集成度，而是取决于系统的设计和配置是否经济合理并且系统能否成功运行，系统的使用、管理和维护是否方便，系统或产品的技术是否成熟适用，换句话说，就是如何以最少的投入、最简便的实现途径来换取最大的功效，实现便捷高质量的生活。为了实现上述目标，智能家居系统设计时要遵循以下原则。

一、实用便利性

智能家居最基本的目标是为人们提供一个舒适、安全、方便和高效的生活环境。对智能家居产品来说，最重要的是以实用为核心，摒弃掉那些华而不实，只能充作摆设的功能，产品以实用性、易用性和人性化为主。

我们认为在设计智能家居系统时，应根据用户对智能家居功能的需求，整合以下最实用最基本的功能，包括智能家电控制、智能灯光控制、电动窗帘控制、防盗报警、门禁对讲、煤气泄漏等，同时还可以拓展诸如三表抄送、视频点播等服务增值功能。对很多个性化智能家居的控制方式很丰富多样，比如本地控制、遥控控制、集中控制、手机远程控制、感应控制、网络控制、定时控制等等，其本意是让人们摆脱烦琐的事务，提高效率，如果操作过程和程序设置过于烦琐，容易让用户产生排斥心理。所以在对智能家居的设计时一定要充分考虑到用户体验，注重操作的便利化和直观性，最好能采用图形图像化的控制界面，让操作所见即所得。

二、可靠性

整个建筑的各个智能化子系统应能二十四小时运转，系统的安全性、可靠性和容错能力必须予以高度重视。对各个子系统，以电源、系统备份等方面采取相应的容错措施，保证系统正常安全使用、质量、性能良好，具备应付各种复杂环境变化的能力。

三、标准性

智能家居系统方案的设计应依照国家和地区的有关标准进行，确保系统的扩充性和扩展性，在系统传输上采用标准的TCP/IP协议网络技术，保证不同生产商之间系统可以兼容与互联。系统的前端设备是多功能的、开放的、可以扩展的设备。如系统主机、终端与模块采用标准化接口设计，为家居智能系统外部厂商提供集成的平台，而且其功能可以扩展，当需要增加功能时，不必再开挖管网，简单可靠、方便节约。设计选用的系统和产品能够使本系统与未来不断发展的第三方受控设备进行互通互连。

四、方便性

布线安装是否简单直接关系到成本、可扩展性、可维护性的

问题，一定要选择布线简单的系统，施工时可与小区宽带一起布线，简单、容易；设备方面容易学习掌握、操作和维护简便。系统在工程安装调试中的方便设计也非常重要。家庭智能化有一个显著的特点，就是安装、调试与维护的工作量非常大，需要大量的人力物力投入，成为制约行业发展的瓶颈。针对这个问题，系统在设计时，就应考虑安装与维护的方便性，比如系统可以通过Internet远程调试与维护。

通过网络，不仅使住户能够实现家庭智能化系统的控制功能，还允许工程人员在远程检查系统的工作状况，对系统出现的故障进行诊断。这样，系统设置与版本更新可以在异地进行，从而大大方便系统的应用与维护，提高响应速度，降低维护成本。

五、先进性

在满足用户现有需求的前提下，设计时应充分考虑各种智能化适应技术迅猛发展的趋势，不仅在技术上保持最先进和适度超前，而且更注重采用最先进的技术标准和规范，以适应未来技术发展的趋势，以使整个系统可以随着技术的发展和进步，具有更新、扩充和升级的能力；系统设计遵循开放性原则，软件、硬件、通信接口、网络操作系统和数据库管理系统等符合国际标准，使系统具备良好的兼容性和扩展性。

第四节　智能家居的功能解析

　　您想过吗？当您回到家中，随着门锁被开启，家中的安防系统自动解除室内警戒，廊灯缓缓点亮，空调、新风系统自动启动，您最喜欢的背景交响乐轻轻奏起。在家中，只需一个遥控器就能控制家中所有的电器。每天晚上，所有的窗帘都会定时自动关闭，入睡前，床头边的面板上，您触动"晚安"模式，就可以控制室内所有需要关闭的灯光和电器设备，同时安防系统自动开启处于警戒状态。在您外出之前只要按一个键就可以关闭家中所有的灯和电器……

　　在炎热的夏天，您可以在下班前在办公室通过电脑打开空调，回到家里便能享受清凉；在寒冷的冬季，则可以享受到融融的温暖。回家前启动电饭煲，一到家就可以吃上香喷喷的米饭。如果不方便使用电脑，打个电话回家一样可以控制家电。在办公室或在出差时打开电脑上网，家中的安全设备和家用电器立即呈现在你的面前……这一切都只是网络化智能家居控制系统能为您做的事情中的一小部分。

　　家居智能化技术起源于美国，最具代表性的是X-10技术，通过X-10通信协议，网络系统中的各个设备便可实现资源的共享。因其布线简单、功能灵活，扩展容易而被人们广泛接受和应用。自动化的家居不再是一幢被动的建筑，相反，成了帮助主人尽量

利用时间的工具，使家庭更为舒适、安全、高效和节能。

一般来说，一个完整的智能家居系统应具有六项功能，包括家庭安全防范、照明系统控制、环境控制、家电控制、智能化控制、多种途径控制。根据不同实际情况，业主会选择不同功能。

家居安防系统可以有效地利用技防手段来实现居家安全防范。家居安防系统包括防盗、防燃气泄漏、防火等功能，并具备远程监控，住户可以通过网络或电话随时了解家内情况，同时可远程监听或监视家庭内部情况。网络化的智能家居系统可以为您提供家电控制、照明控制、窗帘控制、电话远程控制、室内外遥控、防盗报警以及可编程定时控制等多种功能和手段，使您的生活更加舒适、便利和安全。智能家居的主体在于家庭自动化，未来家庭自动化的主体是家电、照明等电气设备的控制。自动化系统采用集中或者分布式控制，住户可以通过网络或者电话远程控制家庭内部设备，家居自动化系统是智能家居的主要发展方向。随着人们对生活体验的个性化要求越来越高，家庭内部影音系统、家庭内部环境、网络虚拟环境等需求也越来越高，人们用在这方面的消费支出也将越来越高，未来的智能化家居也会更多地满足人们这些方面的需求（如表3-2）。

表3-2　智能家居需求

功能	说明
家庭安全防范	防盗、防火、防天然气泄漏以及紧急求助等
照明系统控制	控制电灯的开关、明暗
环境控制	控制窗帘、门窗、空调等
家电控制	控制家庭影院、电饭煲、微波炉、电风扇等
智能化控制	火灾时自动断电，燃气泄漏时自动关闭气阀并打开窗户等
多种途径控制	可通过遥控器、触摸屏、电话、网络等不同设备进行控制

　　智能家居可以定义为一个系统。它以住宅为平台，利用先进的计算机技术、网络通信技术、综合布线技术、无线技术，将与家居生活有关的各种子系统有机地结合在一起。与普通家居相比，智能家居不仅具有传统的居住功能，提供舒适安全、高品位且宜人的家庭生活空间；还由原来的被动静止结构转变为具有能动智慧的工具，提供全方位的信息交换功能，帮助家庭与外部保持信息交流畅通，优化人们的生活方式，帮助人们有效安排时间，增强家居生活的安全性，甚至为各种能源费用节约资金。

　　与普通家居相比，智能家居有以下四大特性。

　　（1）智能化：由原来的被动静止结构转变为具有能动智能的工具。

　　（2）信息化：提供全方位的信息交换功能，帮助家庭与外部保持信息交流畅通。

　　（3）人性化：强调人的主观能动性，重视人与居住环境的协调，使用户能随心所欲地控制室内居住环境。

　　（4）节能化：取消了家用电器的睡眠模式，一键彻底断电，从而节省了电能。

　　目前市场上的智能家居技术，根据布线方式划分，主要有集中控制、现场总线、电力载波技术、RF/IR遥控技术4种技术。下面介绍这几种控制技术的基本情况（如表3-3）。

表3-3　控制技术对比

采用技术	功能	稳定性	可扩展性	布线
集中控制技术	综合	好	差	复杂
现场总线技术	综合	好	好	方便
电力载波技术	综合	中	好	无
RF/IR遥控技术	单一	中	无	无

（一）集中控制技术

采用集中控制方式的智能家居系统，主要是通过一个以单片机为核心的系统主机来构建，中心处理单元（CPU）负责系统的信号处理，系统主板上集成一些外围接口单元，包括安防报警、电话模块、控制回路输入/输出（I/O）模块等电路。

这类集中控制方式的系统主机板一般带8路的灯光、电器控制回路，8路报警信号输入，3-4路抄表信号接入等。由于系统容量的限制，一旦系统安装完毕，扩展增加控制回路比较困难。

这类产品由于采用星型布线方式，所有安防报警探头、灯光及电器控制回路必须接入主控箱，与传统室内布线相比增加了布线的长度，布线较复杂。目前市场上这类产品较多。

（二）现场总线技术

现场总线控制系统则通过系统总线来实现家居灯光、电器及报警系统的联网以及信号传输，采用分散型现场控制技术，控制网络内各功能模块只需要就近接入总线即可，布线比较方便。

一般来说，现场总线类产品都支持任意拓扑结构的布线方式，即支持星型与环状结构走线方式。灯光回路、插座回路等强电的布线与传统的布线方式完全一致。"一灯多控"，在家庭应用比较普遍，以往一般采用"双联"、"四联"开关来实现，走线复杂而且布线成本高。若通过总线方式控制，则完全不需要增加额外布线，是一种全分布式智能控制网络技术，其产品模块具有双向通信能力，以及互操作性和互换性，其控制部件都可以编程。典型的总线技术采用双绞线总线结构，各网络节点可以从总线上获得供电（24V/DC），亦通过同一总线实现节点间无极性、无拓扑逻辑限制的互联和通信，信号传输速率和系统容量则分别为10KBPS和4G。

现场总线控制系统采用总线式的结构，主要由电源供应器、双绞线和功能模块三个基本部分组成。每个功能模块都是串联在双绞线上，互相的连接不分极性。总线控制系统产品从功能上可分为很多类，下面简单介绍常用的几种。

1. 基本控制产品

主要包括总线电源供应器、无线遥控接口、电话遥控接口、电脑控制接口、以太网（TCP/IP）接口、安防控制和安防报警接口等，这些产品是总线控制系统的基础，同时也为其他总线控制产品提供一个接口平台。

2. 灯光控制产品

以轻触式电子开关/调节器为代表。这一类产品有一个特色就是其外观尺寸与正常开关相似，可以直接替换原有的开关便可实现照明系统的智能化改造，可以调光，也可以遥控，更可以用来产生不同的灯光组合以满足不同的照明需要。万一个别电子开关有故障，所受影响的也仅仅是该开关所连接的那一部分，即使没有备用产品也可以换回原来的开关便可恢复原来的功能，实现手动操作。

3. 电器控制产品

这类产品即是前面所提到过的可控插座。与电子开关、调光器相似，该类产品也可以通过直接替换原有的插座来实现对电器控制的智能化改造。将电饭锅、热水炉、洗衣机等电器的电源接在该插座上，用户便可以通过电子开关、遥控器或电话等来控制这些电器，非常方便。该可控插座分自动和手动两种操作方式，万一系统失灵，亦可以用手动去操作。

4. 红外控制产品

这类产品主要用于控制空调机、电视机、DVD机等本身带有红外遥控器的家电，它具有红外信号的学习和记忆功能，可以通过连接在控制总线上的设备（包括控制面板、定时、遥控、电话、互联网等）实现对空调机的开、关、模式、温度等操作，以及对电视机、DVD的开/关、音量调节、频道选择、播放、停止等操作。

5. 安防控制产品

这类产品主要包括人体红外传感器，煤气泄漏传感器，烟雾火灾传感器和三表自动抄表及可视对讲系统等。这些产品的安装和使用比其他产品都要简单，因为有总线兼容标志，可以直接连接在总线之上，并可利用基本系统中的电话遥控/IP接口和其他报警接口实现远程报警。另外，通过基本系统中的安防控制接口，普通的传感器也可以用在总线系统之中。

（三）电力载波技术

高频电力载波类家居控制系统是无线技术应用的代表产品。电力载波技术是利用220V电力线将发射器发出的高频信号传送给接收器从而实现智能化的控制。高频信号传送技术将120KHz的编码信号加载到50Hz的电力线上，由发射设备将高频信号送给接收器，而每个接收设备都预先设定了一个地址码。地址码是由房间码（A—P）和单元码（1—16）组成，共有256种组合。因此采用这套系统不需要额外的布线，这也是这套系统的最大的一个优势。

（四）RF/IR遥控技术

遥控开关则有无线RF遥控技术、红外IR遥控技术两类。遥控开关主要是一些传统普通电工产品厂家的产品，事实上，遥控开关只是在传统开关的基础上增加了遥控功能，有些产品还在遥控器上增加可定时控制，但由于其功能单一，不应算作智能家居产品。

（五）智能模块技术

智能模块是智能家居平台的执行单元和控制末端，它和智能中控系统是一个有机的整体，如同大脑和神经末梢的关系一样，协调动作才能完成整个控制过程。智能中控器像是一个大脑指挥整个家居智能化系统并发出各种指令，但是发出的指令依赖外围的智能模块来执行，缺少了这些模块智能中控器就如同失去了手脚的残疾人而变得寸步难行。

智能模块按照功能可以大致分为如下几类

1. 红外控制模块

此类模块主要用于控制电视、空调等具备红外遥控功能的普通家用电器，它最主要的特点是具备红外学习功能不需要改造原来的家用电器。

2. 照明控制模块

家中的照明是使用比较多的，开关从最初的拉线开关到目前普遍使用的机械开关虽然外观形态发生了比较大的改善，但是仍然没摆脱手动操作的范畴。在家居智能化中照明的智能化占着举足轻重的作用。

3. 远程控制模块

远程控制模扩展了智能家居的空间限制，大大丰富了控制载体，借助电话、网络、短信息使您即使和家远隔千里也能够掌控自如。

4. 手持遥控器

遥控器作为便携的遥控设备成为智能中控器的辅助设备。它往往可以脱离中心控制系统独立承担最基本的功能。

智能家居在我们日常生活中，其前途也是相当乐观的，具有重要实际意义。随着电子技术在现实生活中的广泛应用，人们越来越感受到电子产品为生活所带来的各种便利，特别是在20世纪80年代，智能家居的出现更为人们享受生活提供了一个广阔的平台。

智能家居，或称智能住宅，是以住宅为平台，兼备建筑设备、网络通信、信息家电和设备自动化，集系统、结构、服务、管理为一体的高效、舒适、安全、便利、环保的居住环境。它在保持了传统的居住功能的基础上，摆脱了被动模式，成为具有能动性智能化的现代工具。智能家居不仅提供了全方位的信息交换功能，还优化了人们的生活方式和居住环境，帮助人们有效地安排时间、节约各种能源，实现了家电控制、照明控制、室内外遥控、窗帘自控、防盗报警、计算机控制、定时控制以及电话远程遥控等功能。智能家居的原型最早起源于美国。时至今日，智能家居在美国已走过了将近30个年头。目前，美国有全球最大的智能化住宅群，其占地3359公顷，由约8000栋小别墅组成。此外，在欧美、日本、新加坡和韩国等地，智能家居也日渐兴起。

随着家庭智能化在世界范围内的日渐普及，智能家居在20世纪末悄然走进了中国市场。近年来，智能家居频繁地出现在各大媒体上，一时之间成了人们耳熟能详的词汇。但是，通常媒体上常见的有关智能家居的介绍，事实上却误导了人们对智能家居的认识，使人们不知道如何将其与自己的家庭联系起来。

其实，智能家居，简而言之就是智能化装修，将家庭生活智能化，其应用也就是人们身边天天做的事。例如：清晨，柔和的灯光和音乐把您全家从梦中唤醒；厨房内，定时控制器已"命令"微波炉把早餐热好；上班之前，您只要按动遥控器上的一个键，家里的电灯和用电器就全部关上，安全防范系统自动进入警戒状态；傍晚下班，您在车上用手机拨打家里的电话，遥控打开了客厅里的空调和浴室里的热水器，回到家中，马上就可以享受到清凉或温暖并洗一个舒服的热水澡；晚上，您用家庭影院欣赏最新购买的大片，只要根据预先设置好的场景控制功能，按下遥控器上一个按键，窗帘就会徐徐拉上，灯光自动调节到柔和的亮度，与此同时，电视机、DVD机进入播放状态……以上这些在几年前看来近乎神奇的功能，现在已不再是遥不可及的梦想，也不是常人无法企及的富豪生活，它只是智能家居产品给人们带来的众多便利与安全中的一部分，是家居生活智能化的最直接体现。

第四章 智能家居的发展趋势

第一节 智能家居市场需求分析

国家实施"第十二个五年计划"时，以物联网为代表的战略型新兴产业已经成为我国大力扶持和发展的七大战略性行业之一。根据智能家居行业权威专家和机构预测，国家将在未来十年投入四万亿大力发展物联网，智能建筑、智能办公、智能家居、RFID等产业将是未来重点发展的领域。作为物联网产业中不可或缺、重中之重的一部分，智能家居因与人们实际生活紧密贴近，成为物联网浪潮中最汹涌的一波。目前智能家居从多点开花向星火燎原势头迈进，在2011年深圳高交会可见一斑。

2006年8月25日在北京召开的"国际智能家居高峰论坛"专家学者云集，共同探讨未来中国家居智能化发展的方向。论坛上，有关专家介绍说，智能家居、智能建筑以现代建筑为平台，兼备建筑、网络通信、信息家电、设备自动化，集系统、结构、服务、管理为一体，以计算机为核心，通过通信网络为支撑，综合运用了现代控制技术等多种技术，将消防报警、安全防范、宽带、中央空调、综合布线等系统融为一体，为住户提供高效、舒适、安全、便利、环保的居住环境。他指出，在中国，智能建筑也有了初步发展，但远不如想象中的乐观。尽管在建设投资和数量有着惊人的增长，但是建筑本身的实际内容有诸多问题：工程建设水平不高、工程质量不能令人满意，智能系统不能正常工作，甚至有的建筑完全是跟风而上，名不副实。家居智能化和家电自动化有明显的区别。

在住宅中为住户提供一个宽带上网接口，电饭煲可定时烧饭煲汤，录像机可定时预录预定频道的电视节目，这些仅仅是家电自动化，是智能家居的前提和条件，实现智能化还需在家电自动化的基础上实现家居网络化，通过芯片对各种记录、判别、控制、反馈等过程进行处理，并将这些过程在一个网络平台实现集成，能按人们的需求实现远程自动控制。因此，标准版的智能家居只需一个遥控器便可实现所有自动化功能。智能化服务于人们的居家生活，体现了目前最高和最新科技的水平，更全面、更富有人性化。

随着人们生活水平的不断提高，人们不断地对居住环境提出更高的要求，越来越注重家庭生活的舒适、安全与便利。目前，中国富裕阶层正在形成，据全球管理咨询公司麦肯锡的研究数据显示，截至2010年，中国富裕家庭数量为260万户，且未来将以每年20%的速度递增。同时，更多的80、90后成为家庭的主心骨，对居住环境有着更高的要求。科技、时尚、智能的生活将是未来的趋势，智能家居亦将成为必需品。

从宏观经济分析：一方面，从中国房地产市场报告分析来看，2014年房地产市场出现短暂的动荡后快速反弹，上半年全国CPI指数一直在下降，但从2015年房价态势分析，不降反升且一直处于上升期，消费者市场则出现"抢房"现象，甚至各地"地王"飚现，房地产商圈地现象严重；另一方面，股市自6000多点跌到1600多点后开始回暖，升至3000多点，世界经济处于企稳向好阶段，国内经济处于企稳回升的关键期。但楼市和股市上升态

势的信号，预示着通胀的靠近，而通胀则意味着未来消费者手中可能钱不值钱了，买东西也就更贵了。如果能够根据市场变化、遵循政府政策引导，及时做出调整，这对一些行业来说，盈利的机会也就可能增多。同样，对智能家居行业来说，节能环保和绿色建筑、智能建筑的政策要求，外加购房者被激发的购房热情，必然带动更大的智能化装修的市场需求，那么智能家居必将进入一个快速的发展期。

当然，国家不会没有通胀的预警机制，对于当前市场发展的态势，中央必将采取一些适度从紧的货币政策，做到"有加有减"，即加大中小企业投资力度，减少"三高"企业信贷，收缩一部分银根（资金回笼）、减少一部分信贷等措施来防止泡沫经济，这对于房地产市场来说，可能会让它们转入市场的"寒冬"。为了更好地减少这种风险所带来的不利影响，对于在全国大范围圈地的房产商可能会做好两手准备，一是多出促销措施，加快刺激消费者的买房欲望，赶在国家相关政策出台之前把大批商品房推销出去；二是大力实施"精装房"策略来面对国家出台的相关限制政策，以增加和保持商品房的成交量。如果这样，"精装房"策略无疑对智能家居行业是一个极大的利好消息。

另外，2012年全国大中小城市相继开通4G，而4G的启动把智能手机的"智能化"推向了一个新的高度，4G的发展必然带动整个产业链的发展，手机可视对讲、视频监控等功能给智能家居行业的发展创造了巨大的机会，也使智能化的概念得以大力推广，让智能家居行业的智能化装修观念更加深入人心。

因此，危机下的智能家居行业并不会被打垮，反而愈发焕发生机与活力。从国家产业政策方向分析，智能家居行业作为高新技术产业，必定是国家产业扶持的对象。智能家居行业，是一个朝阳产业，处于行业的快速发展期，智能家居的潮流不可逆转。在中国的13亿多人口中大概有3.5亿个家庭，如果平均每个家庭在智能化装修的费用上做出6000元的预算，那么未来的整个智能家居的产业值将超过上万亿元，可以想象这样的市场会有多么庞大。

从微观经济分析：智能家居行业的厂商从最初为数不多的几家，到现在各地的遍地开花的上百家，这样的数据不难想象它的生命力有多大。"苍蝇"不叮无缝的蛋，商人不做亏本的买卖，正因为智能家居行业的市场潜力如此庞大，才引得无数"英雄"厂家竞折腰。

2008年北京奥运场馆的智能化设计，给敏感的国人带来不少刺激，在感叹智能化产品神奇时尚的同时，也刺激他们消费的需求。随着智能家居的推广，智能家居走进了中国众多的私人豪宅和复式楼宇，如今消费者大多追求时尚、智能、舒适生活，越来越多的消费者对智能家居抱有极大的兴趣，他们愿意关注、体验和购买。预计届时智能家居行业将和全面建设小康社会一样，不久将全面进入亿万普通家庭，每年的销售额将达数百亿或上千亿。因此，要实现家家智能化的伟大目标，只是时间的问题了。

每个行业都有它的生命周期，它要依次经历萌芽、发展、成熟、衰退、死亡五个阶段，而对于投资者或者创业者来说，他们都明白这样一个道理，谁先抓住了市场的机会，谁就能获得更多更好的效益。因此，对于一个行业来说，它的发展与成熟阶段是最关键时期；对于投资者或者创业者来说，它是最好的投资时机。同样，智能家居也是如此，虽然智能家居行业还不是很成

熟，但是却处于快速发展期，我们从深圳安博会的智能家居的火爆场面就能知道它的潜力非常巨大，投资收益的空间也是非常可观的，等到智能家居真正成熟起来时，当智能家居的产品像现在的手机一样普及时，你还愁它没有市场吗？

第二节 智能家居发展的重要性

随着物联网的兴起，智能家居行业也随之备受关注，越来越多的消费者喜欢从物联网的角度对智能家居提出更加严格的实际要求，希望智能家居是无线的、安全的、可靠的、可自己安装的并且能够用手机感知、控制的，还有一些高端人群希望智能家居能够提供云服务，可以在不同智能终端来进行操作与控制，进一步满足自己的实际需求。

就智能家居和物联网的相互关系，记者采访了国内智能家居的龙头企业南京物联传感技术有限公司有关负责人。该负责人表示，从人的生活轨迹来看，一个人待在家中的时间通常会占到全天时间的50%，如果算上周末，这个比例会更高，也可以说，人一生中50%的时间是待在居所里的，这个居所可能是自己的家，也可能是宾馆等等，以及其他形式存在，你一天中总是有很长一段时间存在于某一个居所中，当你置身某个居所时，你就免不了需要和居所里的各种设施互动，比如门、窗、电灯、抽屉、温度、空气等等，长时间待在居所内并与居所内的设施频繁互动。

同时，自身、家人和重要物品的安全也是消费者持续关注的焦点，这些都是人们重视居住环境、重视智能家居的重要原因。

至于为何更多的消费者喜欢从物联网的角度对智能家居提出要求，这位负责人指出：很多智能家居企业并没有把消费者真的当上帝，一些过时的、过渡型的产品充斥市场，甚至一些传统家电巨头的理念也没有转变过来，还在不断向市场传递一些落后的思路和方案，但总会有一小部分聪明的消费者会有自己的判断，他们不希望在耗费了时间、精力、金钱之后使用的是过时的方案和产品。物联网的丰富应用目前正在各个行业快速展开，各种报道和畅想铺天盖地，智能家居成为消费者密切关注的物联网应用之一，这些时尚的趋势正促使聪明的消费者从物联网的角度看待智能家居。这位负责人解释说，当然你也可以把这种现象看成是物联网的迷人之处。这位负责人强调，物联网说到底是为人服务的，而家庭不仅是社会最广泛的基本单元，更是人们长时间停留的场所，这两个因素就决定了智能家居必将成为物联网最重要的应用场所。

一、从社会基础上说

（1）目前越来越多的小区都实现了宽带接入，信息高速公路已铺设到小区并进入家庭。智能家居建设和运行所依托的基础条件已经初步具备。

（2）前几年的智能家居概念的纷争炒作已经悄悄地起到了市场培育和消费者教育的作用，大家的认知程度有很大的提升。

二、从技术角度上说

1）智能小区的技术发展已从分散控制阶段、现场总线阶段

发展到TCP/IP网络技术阶段，解决了小区各设备分布式控制集中管理和在小区内实现区域性联网的问题。

（2）智能家居核心设备——智能家居终端的配套技术的不断成熟和产品化为智能家居终端的研发推广具备了根本条件，如液晶屏数字显示技术及网络技术的日益成熟等。

（3）在功能设定方面。智能家居厂家也从纯粹为了扩大影响力，制造所谓"门槛" 到注重开发能真正对住户和物业管理有好处并且能有效使用的功能上。

三、从市场角度上说

（1）随着市场竞争的日趋激烈，越来越多的房地产开发商积极地把高端家居智能化系统配入所开发楼盘作为全新卖点。

（2）房屋售价的突飞猛涨，但相对而言智能家居的投入成本提高不多，已经属于可以接受的范围。

（3）伴随着大房地产集团在全国的布局，新的理念也随之扩散。比如绿城集团全国范围内采用了基于TCP/IP网络的智能家居设备。

智能家居首先应理解成为住户提供一种服务，而不只是一件产品或一套简单的系统设备，这种服务是使住户能够通过家居控制系统轻松实现对家中的所有电器设施进行控制和管理的功能。可以让每个家庭的电脑、数码设备、家电等各类信息终端真正跨平台互联互通使普通消费者从一进家门就能享受到全新的数字生活或者体验实现安全服务、通信服务、能源管理、自动控制等功能。以冠林公司A H8000 2.0版本数字化智能家居系统为例，系统以数字家居智能终端、公用大门智能终端（梯口、区口智能终端）、小区局域网为基础，基于TCP/IP通信协议实现包括楼宇可视对讲、安防报警、三表远程抄送、家电控制（电器、照明、窗帘等）远程可视电话信息管理（社区信息、访客留言留影等）、电子相册等的数字家居智能控制，并应用基于TCP/IP网络的区域集成综合管理平台，实现对其他智能化系统（如周围报警、监控车辆管理、建筑设备监控、电子巡更等）的综合管理技术上采用最先进的数字通信技术。实现从编解码、传输、控制到显示的全过程。

第三节 智能家居未来发展趋势

一、未来技术发展趋势

（一）硬件平台的处理能力日益增强

早期的智能中控器采用8位单片机作为核心处理单元，功能比较简单、纯粹。往往只具备安防、三表采集、简单文字信息发布和简单的家电控制功能。这个时期的产品操作界面比较简陋，家电控制等高级功能还只限于展示概念。比较典型的产品是交大的NDT100、NDT200、新加坡宝路的8XE。

近几年很多厂家为了使自己的产品功能更全面、显示更美观，采用了处理能力更强的单片机或使用多颗单片机协同工作。这个时期的产品操作界面有比较大的改善，往往采用彩色LCD，大多带有触摸功能，集成了楼宇对讲的功能，家电控制功能也相对丰富。比较典型的产品是交大的NDT300、正星特的智能王、

科瑞的未来之家。

目前有一些国内外厂家采用32位的处理器结合先进的嵌入式开发平台开发出了更为先进的产品。基于该技术的产品处理能力显著提升，以往无法处理的多媒体信息和增值服务都可以得以实现，由于采用专门的显示引擎所以界面更加丰富、美观，家电控制功能也趋于完善。比较典型产品是波创的BC2-D50L、三星的8170。和电脑、手机等绝大多数电子产品一样硬件性能的不断提升将是一个永远的趋势。这一总的趋势也必将不断推动智能家居平台系统产品日益丰富。

（二）智能家居平台逐步整合安防、对讲等子系统成为一个综合平台

最初的智能中控器往往独立于传统的安防和对讲系统，用户的家中需要安装几套彼此独立的子系统，增加了安装和使用的复杂性。行业间的技术整合促使智能家居平台成为包括安防、对讲、信息、家电控制、家庭数字影音为一体的智能化家居平台。

（三）由模拟向数字化逐步转变

如同模拟电视向数字电视、模拟手机向数字手机的逐步转变一样，智能家居平台也正在经历着一场由模拟到数字的变革。现在是数字化的时代，数字信号比模拟信号所传输的信息量要大很多，而且不像模拟信号那样因为信号容易受到干扰或者衰减而导致信号缺失。数字化技术正在日益广泛地应用到智能家居的系统中来，主要表现在以下几个方面：①在电路设计上采用越来越多的数字集成电路。现在的智能家居产品中使用了大量的数字芯片，集成度和可靠性比之从前的模拟电路有了很大提高。②显示数字化大大提升了显示效果。数字化显示的技术难度和成本都相

对比较高，所以目前除了极少数厂商采用这种显示技术（如三星的8170，波创的BC2-D50L），随着显示技术的日益成熟，它必然会被越来越多的厂家所采用。③传输方式逐步走向多网合一，安防、对讲、门禁、抄表逐步走向统一的以太网联结。多网合一大大减少了施工和维护的复杂度，而且提高了传输可靠性。

（四）从有线走向无线

无线传输的盛行是基于人们对于灵活、便携、无所不在的诉求。无线传输特点就是灵活，移动性和可扩展性是有线传输方式所无法具备的，同时无线技术所需要解决的难题也多得多：①如何使传输的距离尽可能的远，而又尽可能地避免对人的损害。②如何尽量避免信号受到干扰。③如何提高传输的带宽，以便能够传输更为复杂的数据。尽管以上问题需要技术研发人员不断地去钻研创新，相信从有线走向无线的总趋势无法逆转。

二、未来市场发展趋势

对于真正意义上的智能家居，广东瑞德智能科技研发副总裁郑魏如是理解："假如你的手机上能够看到每天电冰箱、空调、电饭煲等家电的耗电情况、二氧化碳的排放量分析等，进而能够通过优化控制能源使用。"事实上，和可穿戴设备一样，如何实现"落地"也是智能家居当下难以走出的"围城"。"无论国内还是国外，最终的落脚点在于挖掘消费者的深度需求。目前的智能家居比如安防摄像头，能自动把来客拍下来，直接传到用户的手机上，或者把电冰箱链接手机控制使用等，这些都属于控制和联通需求，但这些需求是刺激而短暂的。而未来会形成的一个共识就是，将大功率家电集成起来为了省电，实现能源管理以达到用户深层次的利益需求。"郑魏告诉记者。

TCL是目前国内最为看好的智能家居企业之一，该公司旗下的产品包括手机、电视、冰箱、空调等众多品种，在实现智能家居的系统集成方面具备硬件和资金优势。但是，郑魏却认为："TCL一家独大是不可能、不现实的，因为消费者不一定都需要买同一个品牌的家具。未来的发展趋势应该是大企业和小企业的产品一起切入到智能家居产业链，安装相同的控制器，对接使用统一的标准。"

随着无线通信技术的发展和信息时代的到来，智能家居网络将逐渐走入每一个家庭，成为未来网络技术发展的一个趋势。通过随时随地、无处不在的信息互动，智能家居将把人和家庭与社会网络融为一体，使人、物、环境都成网络中的一环，实现无边界沟通，改变网络只能与人互动的单向状态。在智能家居无线网络环境下，通过用户设定以及系统自动推理，为用户提供无处不在的自动化服务成了众多智能家居厂商研究的热点。

智能家居产品上游零部件主要包括显示模块、镜头、IC、晶体管、电阻、芯片、传感器、嵌入式语音操控模块以及通信模块等。从零部件产品角度来看，智能家居硬件产品需具备三大属性：可感知性、可联网、智能化。"目前一套智能家居产品价格很高，尚未大规模应用于大众市场，下游零部件未来具备很大弹性。"深圳一位家电行业分析师告诉记者。

（一）感知属性

能源管控。可感知性指的是需要通过传感器捕捉各种信息，并做出相应的判断，感知环境，营造舒适生活，如捕捉环境中的温度、湿度、照度，自动调节空调、灯等设备，让室内环境保持在一个舒适的状态。除了感知环境之外，智能家居还能感知人类的活动，一方面，住户走到哪里，室内的灯就会相应打开，离开之后，灯光也会自动熄灭。在住户离家上班之后，安防系统便会自动启动，门窗磁、红外入侵探测器等设备都可以在有人入侵的时候自动拨打电话报警。另外，感知性还可以针对各类电器的工作状态，并且对其进行管控，做到节能减排，降低家庭用电成本。在感知属性上，汉威电子的气体检测仪器是典型代表。汉威电子是国内气体传感器龙头，以气体传感器起家，逐步延伸至气体检测仪表和系统市场。其中气体传感器国内市占率超过60%，气体检测仪器仪表占9%。公司传统业务主要涉及可燃气体和有毒气体的安全监控。目前已实现了四大类产品的全覆盖，包括半导体类、催化类、红外类和电化学类传感器。"气体检测器在智能家居中最常用在监测室内可燃或有毒气体上。除了感知气体，智能家电还需要具备对温度、光照、压力等多种刺激进行感知，才能做出相应的反馈。"上述深圳家电行业分析师告诉记者。据了解，汉威电子旗下炜盛科技除气体传感器外，还在积极开拓研发压力传感器、热释电红外传感器和温度传感器等系列传感器。

（二）联网属性

三种主流技术可联网，对应各类通信类芯片和设备的开发。如高通近期也发布了面向智能家居的网络处理器芯片，主打低功耗、高性能的无线通信技术。由于通信芯片类的产品的应用和创新主战场多在智能手机及IT产品上，预计若产品创新未突破，智能家居为其带来的弹性相对较小。路由器智能化创新过程中关注企业级路由器龙头星网锐捷。

智能家居内部的网络传输信号，目前主流技术总体上可以分为三类。第一类是总线技术，特点是所有设备通信与控制都是集

中在一条总线上，是一种全分布式智能控制网络技术。第二类是无线技术，相比有线技术具备造价低、工程简单等特点，实现方式也多种多样，包括ZigBee技术、无线射频技术、蓝牙等。第三类是电力线载波技术，无须布线，而是通过在现有电力线上加装调制解调器，以50Hz交流电为载波，以数百KHz的脉冲为调制信号，实现信号的传输和控制。

星网锐捷、东软载波相关产品可起到联网沟通作用，部分产品已成功应用到智能家居领域。星网锐捷公司控股已经推出基于4G的企业网解决方案，包括提供全功能企业级4G路由器、4G网络管理平台。受益于智慧城市、智能楼宇、智能家居、智能家电等城市化信息化建设的加速，预期公司企业网业务在未来两年内将快速增长。

东软载波是载波通信芯片提供商。公司研发的5代芯片智能家居产品全部开发完成，智能家居产品开始小批量生产，其提供的智能家居解决方案，是通过电力线载波技术，改造成本较低，市场反馈良好。

"国内电力线通信环境较差，脉冲干扰信号较多，国外技术不具备抗干扰能力。而东软载波的第5代产品具有抗符号间干扰能力强，频谱利用率高且能在多径衰落信道下有效进行高速数据传输等特点。"深圳一位电子行业分析师告诉记者。目前，东软载波已开发出智能触摸开关、智能灯电源控制器、智能网关、智能插座、智能电力载波（PLC）转红外控制器、配套开关电源等多款产品，基于云端的平台控制系统已开发完成，初步测试运行情况良好。

（三）智能化

尚未成熟。智能化，对应智能家居中中枢智能化，涉及人工智能、云计算等软件领域，人工智能、云计算本身也处于发展期。智能化主要体现在人机交互上。而人机交互的最终形态，用户可以像和人交流那样，通过语音、表情、动作，让机器理解自己，同时机器也能够像人类那样，输出各种语音、表情和动作，从而使得人机交互完全和真正的人际交流一样自然。

科大讯飞处在国内语音市场的领导地位，旗下产品同样具备语音感知属性。公司已与三大运营商、六大电视品牌厂商、歌华有线、新浪、高通等国内外领先企业达成战略合作，为其提供语音解决方案。而在国内公共语音安全领域，更是具有不可替代的作用。

目前，科大讯飞推出一款手机语音助手——"灵犀"，除了语音操控和信息查询外，"灵犀"同样能够提供各式具有特色的语音交流服务。在互联网故事不断发酵时，一场关于边界的战争开始打响。当互联网终端边界由PC、手机扩展至家庭的载体，智能家居概念终于落地。在今年持续关注互联网冲击下的产业重构，在智能家居产业链中游，系统集成最具产业价值，其主要集中智能家电、安保、系统控制与系统集成等细分领域。

目前来看，安防领域已经全面切入智能家居安全产品市场，最容易打开高端用户市场。家电企业则利用智能化进一步强化自身优势，控制系统和系统集成类企业则对智能化理解最高。

终端产品智能化混战，一场1000亿的赌局让传统家电智能化故事更加夺目，在格力应对小米挑战的背后是一众传统厂商应对互联网时代的新思维，这场"战争"涉及其中的上市公司主要包

括海尔、格力、海信、长虹、九阳以及美菱电器。"国内近两三年的发展趋势一个是局部的智能家居启动，也就是具备某种特定功能为主的家电设备，如以健康为主题的智能家居设备，现在卫浴、大白电、家庭养生类的厂商都切入进来了。另一方面则是家庭能源管理。"华南家电研究院院长孙颖楷告诉记者。

根据最新数据，2016年家电市场整体规模达到1.5万亿元。八大品类（彩电、空调、冰箱、洗衣机、吸油烟机、燃气灶、热水器及净水器）市场规模约为6700亿元。

考虑到目前家电产品联网化、智能化程度较低，未来存在广泛的替代需求，对应市场规模起码在千亿以上。家电企业的优势是品牌、渠道以及资金，并且其对消费者的使用习惯及需求也比较了解。海尔是最早进入智能家居市场的企业，随之，TCL、康佳等家电企业也纷纷涉足智能家居市场。

不过，目前集中交火主要出现在白电领域。去年海信、美的、海尔相继发布了分别能用微博、APP、微信控制的智能空调产品。冰箱品类也不甘于后，长虹集团旗下的美菱电器发布了新一代的智能冰箱产品，与之前的智能冰箱相比，美菱新一代智能冰箱采用了互联网、物联网、云识别最新技术，具有食品管理、菜谱推荐、远程控制、智能故障诊断等功能。

虽然各家进展不同，但更多企业是在观望，类似TCL等大企业虽然布局广泛，但一体化未必是智能家居的商业路径。

类似家电企业的还有安防市场。目前涉及传统安防报警及可视对讲等厂商如视得安罗格朗、冠林、安居宝、振威等开始涉足智能家居行业，把智能家居功能加入到它们的系统中去，推出带智能家居控制功能的产品，如目前很多可视对讲厂商在推广的全数字可视对讲智能终端，就是通过智能触摸屏把可视对讲、安防报警、智能家居、多媒体功能进行整合，使原来单一的可视对讲室内机成为真正的智能控制终端，从目前来说这是比较理想的智能家居发展趋势。

目前，安防领域龙头海康威视可以提供完善的智能安防系统，安居宝则通过安防楼宇对讲系统与房地产商、物业建立联系，同时扩展视频监控业务，飞利信则可以通过手机控制家中电气系统。系统集成目前最具价值，虽然目前智能家居产品终端百花齐放，但当前制约消费者体验的瓶颈环节在系统集成环节，系统集成商是中期内最有价值的产业链参与方，具备B2B/B2C渠道推广优势和资源整合能力优势的公司占据先机。成熟的系统集成商将具备产品、渠道和服务壁垒。在记者的研究中发现，东软载波已经在系统集成上颇具规模，2013年8月，东软载波公告称，公司已研发完成电力线载波通信，该技术是以电力线为媒介的新兴通信方式，是利用电力线网络进行可靠数据传输的一种现代通信技术。

传统智能家居类产品普遍采用网络专线控制，意味着不重新装修无法享受智能家居产品，而无线方式由于成本、信号等问题无法推广。但是，电力线载波通信智能家居产品只要更换家家里的电力开关，标准化的接口完全可以自行安装，浙商证券认为，东软的载波智能家居产品安装极其便利，只要有电就能实现智能化，因而需求端的技术障碍彻底解决。这也意味着东软载波智能控制器设计彻底颠覆人们对传统电力开关的印象，开关成为家庭装修时尚的一部分，智能家居方案彻底颠覆传统意义的智能家居产业。而捷顺科技在智能家居方面的进展则更偏重安防平台、社

区一卡通和城市停车场联网，在智慧城市、智慧社区和智慧停车场领域，捷顺科技可能更具优势。有消息指出，若是捷顺科技在智慧社区打通安防平台系统与社区一卡通，其将拥有独一无二的线下资源，而这一部分资源是其他智能家居公司所不擅长的。例如捷成股份，2013年公司称将向智慧城市领域渗透。捷成股份利用本身在音视频、广电行业上的专业优势，切入到智慧城市的建设大潮中，将成为公司未来最具看点的地方，但目前看来，公司在这一块并未有大起色。

此外，智能家居控制器是智能家居系统的核心处理模块，是系统的心脏，包括可以联入宽带网络的单片机，内置的HUB，若干防区安防输入以及一条RS485的家庭控制扩展数据总线。目前，控制器上市公司主要包括拓邦股份、英唐智控、和晶科技以及和尔泰。其中，和尔泰控制器技术优势强、产能储备多，在智能家居浪潮中受益最大。

智能家居业下游：视听服务暂露头角，商业模式不成熟。在智能家居产业链中游的终端设备仍在火速竞争时，下游的链条也在萌芽。中期看集成，长期看服务，虽然服务商企业现阶段并未过多开展相关业务，但市场关注度已经不断升温。

这一类玩家主要开发移动终端的应用程序互联网企业中多数公司具备潜在的业务拓展机会，不过目前来看由于终端产品尚未有统一的标准，走得最快仍是涉足家庭影视娱乐的乐视网和百事通。此外，潜在服务提供商包括捷成股份、同洲电子也谋划借助广电渠道进入智能家居服务领域。

视听服务先行一步，靠着为数不多的智能电视的销量，乐视网市值提升近千倍，乐视网嵌入智能家居后的新生态让市场看到更多的确定性。在智能家居的服务应用领域，智能电视一马当先。"互联网视频内容仍是目前智能电视的竞争要点。"北京一位家电行业分析师表示，随着互联网电视的兴起，对于多种屏幕终端的争夺，必然要回归到内容源的本质上，只有拥有足够强大和优质的内容源，才能真正吸引和留住用户。不过，目前服务商的角色也在悄然发生变化，TCL+爱奇艺的合作模式与小米和乐视的一体模式发生激烈的碰撞，智能电视的服务商出现了不同的盈利模式。

首先，传统彩电的销售硬件盈利模式，盈利以硬件为主，同时兼顾内容。爱奇艺在TCL爱奇艺电视上赚取的部分利润将采用利益分成的模式返还给TCL，创维与阿里的合作也是采用上述模式。其次，乐视、小米等互联网企业"内容+服务"为主的盈利模式，该模式下电视硬件处于微利甚至不赚钱的状态，主要靠内容运营例如广告收费、收取年度内容服务费等方式赚钱。最后则是兆驰、华数传媒、阿里巴巴和海尔的合作模式，通过包括但不限于"预存服务费送智能云电视"等具体的方式实施合作。兆驰负责智能云电视机终端的研发、设计与制造，并将华数 DVB、OTT、阿里云OS融合为一体集成在智能云电视终端，海尔为品牌授权方，同时负责配送、安装和售后。多方合作将致力打造出"云端+传输+终端"的运营生态圈。

此外，潜在服务提供商包括捷成股份、同洲电子也谋划借助广电渠道进入智能家居服务领域。2013年，同洲电子秤与兆驰股份签署《战略合作框架协议》，促进同洲电子签约的10个省份尽快推广"四屏合一电视互联网户户通工程"，将用户传统单向DVB机顶盒升级为同洲"DVB+OTT"的机顶盒。捷成股份方面

则签署了《江西有线高清电视和网络双向化改造项目战略合作框架协议》，江西有线高清电视和网络双向化改造项目初步预算10亿元人民币。

目前，捷成股份通过与各地文广集团合作切入智慧城市建设和运营，而江西项目正是智慧城市解决方案的重要切口，捷成股份或将利用江西广电10亿高清和双向网改项目，潜在为该市场提供更多的视听服务。真正落地有待时日，然而，智能电视服务商仅仅是智能家居下游产业链中的冰山一角。移动互联网的火热、智能手机的普及大大降低了硬件成本，培养了用户通过智能手机和平板电脑来控制家居的习惯，这些是资本市场看好智能家居领域的基础。

不过，目前来看，由于尚未有统一标准，终端家电及安防产品的控制与系统集成仍在摸索阶段，所以更多软件服务商仍在观望之中，对于智能家居下游链条来说，概念真正落地有待时日。

第五章 智能家居系统在智能小区中的应用

第一节 什么是智能小区

随着人们生活水平的提高，人民正由温饱型向小康型阔步前进；家庭经济实力的增强，住宅的功能也正在发生较大的改变：从单一的封闭型休息居所向集休息、娱乐、办公等于一体的开放式、智能型多功能住宅转变。另外，世界范围内的电信业的重新调整，使电讯服务商、有线电视商、设备及其他新兴企业参与家庭业务的竞争。随着数字广播电视卫星和电讯供应商支持视频服务，有线电视（CATV）运营商将面临一个崭新的竞争时代。同时，每一个家庭对PC的需求达到了创纪录数字，并且，在短时期内会继续发展，Internet、VOD、ISDN、E-mail等等，正在成为人们生活中的一部分，并且这方面需求的发展非常之快。

对于住宅小区而言，选择什么样的系统和设备，既满足了当前的用户需求，又支持正在发展的用户需求，同时又保护了业者的初期投资，为用户提供一个安全、方便、发展、舒适、智能的居家环境，这是当今住宅小区业者追求的目标；一般地讲，智能小区具有如下功能特点。

（1）常用远程无线网络技术。智能家居系统的远程控制需要远程无线网络技术的支持，经常用到的远程无线网络技术是GPRS。GPRS网络向用户提供了一种低成本、高效的无线分组数据业务，特别适用于家庭控制这种间断的频繁的、突发性的、少量的数据传输，也适用于偶发的大数据量传输，就本系统面言，GPRS通信方式从成本、可靠性、性能等方面都可以满足应用的要求，而且GPRS 通信方式可以和Internet进行无缝连接，用户在智能手机等移动终端上进行简单的配置即可接入Internet与家庭网关进行通信，这将大大方便对智能家居系统的远程管理。本系统选用的传输模块满足的功能要求：GPRS无线传输技术，具有实时在线、高速传输等优点。

（2）Zigbee网络结构及节点。Zigbee技术可以支持三种网络拓扑，它们分别是星形、树形、网状形，三种拓扑结构在应用中各有优缺点，用户可根据自己的需要来选择相应的拓扑结构。Zigbee标准了Zigbee网络中的三种设备：协调器、路由器和终端设备。根据Zigbee网络拓扑结构，选择各设备的位置等。

（3）精度要求。根据Home Automation Public Application Profile 规定：节点自发数据或轮询的频繁度不能超过7.5s，紧急情况除外。所以节点发送数据的频率不能低于7.5s，我们可以在实际情况有变化发生后，通过传感器将数据通过Zigbee网络传输给用户。可以通过中断，执行中断服务例程来处理紧急情况。温度采集3s一次精确到0.1℃，温度控制精确到2~3℃。当出现紧急事故时要求报警系统能够迅速发送短信到用户终端，并且自动报警。

（4）故障处理要求。当系统中某个终端节点掉电后，要及时供电，否则可能采集不到数据或不能将采集到的数据传输到路由节点，即不能实现实时监控。当路由节点不能接收终端节点的数据或不能将终端节点的数据传输给协调器节点时，会导致通信不正常。此时维修人员应向该路由节点重新编写程序，使该路由

节点加入原来的网络中，且通信正常。要实现远程实时监控，必须保证终端在使用时供电和功能正常。

（5）安全性要求。本系统的连接是通过特殊协议进行通信的，协议不公开，连接需要密码。

（6）运行环境规定：①接口，节点主板微控制器适用的是CC2530，Zigbee新一代SOC芯片CC2530是真正的片上系统解决方案，支持IEEE 802.15.4标准，CC2530是理想Zigbee专业应用，支持新RemoTi的Zigbee RF4CE，这是专业界首款符合Zigbee RF4CE兼容的协议栈，和更大内存大小将允许芯片无线下载，支持系统编程，此外CC2530结合了一个完全集成的，高性能的RF收发器与一个8051微处理器。②控制，智能家居控制系统所用到的控制主要有红外控制、GPRS控制等。③局限性，此系统的局限性主要在于它对网络系统的依赖，它的整个系统主要是基于CC2530的Zigbee的网络节点系统的设计，所以网络节点如果太多，容易选成网络堵塞，从而影响整个系统的运行速度。根据用户所选用的户型设计智能家居系统，每一层应用一个网络系统，每一层网络系统对应一个协调器，来缓解网络的拥挤状态。

住宅小区智能化的水平高低与住宅造价和住户对象有相当大的关联。为便于小区智能化的技术实现与实施应用，应对小区智能化进行技术分档，其等级按投资成本分为高中低三档，即较高标准（成本约为住宅投资的1%~2%）、普及标准（成本约为6000~8000元/户）、最低标准（成本约为3000~5000元/户）。住宅小区智能化分级功能设置见表5-1：

表5-1 住宅小区智能化分级功能设置

类别	功能			安置型	实用型	舒适型
物业管理及安防	小区管理中心			*	*	*
	小区公共安全防范	闭路电视监控			*	*
		电子巡更系统			*	*
		防灾及应急系统			*	*
		小区停车场管理系统			*	*
	三表计量（IC卡或远传）			*	*	*
	小区机电设备监控	给排水、变配电集中监控			*	*
		电梯供暖监控				*
		区域照明自动控制			*	*
信息通信服务与管理	小区电子公告牌				*	*
	小区信息服务平台				*	*
	小区综合信息管理				*	*
	综合通信网络					*
住宅智能化	家庭保安报警			*	*	*
	防火、防煤气报警			*	*	*
	紧急求助报警			*	*	*
	家庭电器自动化控制视频数据		音频	*	*	*
				*	*	*
				*	*	*
	家庭通信总线接口					*
管网敷设	根据具体功能要求设计及敷设					

根据以上对工程的了解，以及多座智能建筑及智能小区的工程建设经验，对于工程建议设计方案将该小区首先定位在普及标准的智能住宅小区档次上，其特点在于加强了基础设施设备的建设，同时采用了先进的分布式控制网络LONWORKS技术，系统间互操作性强，与传统系统相比，灵活性、可靠性大大提高，在满足当前用户需求的基础上，为用户需求的发展留有充足的裕量，保证了业主的初期投资。对于高档住宅部分，采用功能预留的设计方式，以便根据户主的需求升级到较高标准。

一、住宅智能化系统

（一）住宅智能化系统简介

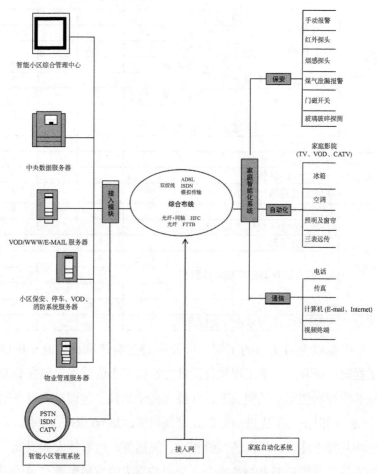

图5-1　智能小区综合管理系统构成示意图

住宅智能化系统是现代生活中住户对居住功能的需求的一个系统，该系统的内容、构成和配置因国度、家庭的经济实力、家庭的知识结构以及个人喜好的不同而不同。因此，家庭自动化系统的配置与住宅小区的定位（安置型、实用型、舒适型）以及住户的类型比例（经济实力、知识结构等）有着密切的关系。

从结构上来讲，住宅智能化系统由家庭电气自动化控制、家庭布线、家庭安保报警、防火防煤气报警和紧急求助报警等构成；其中，家庭控制器作为每一个家庭的控制管理中心，成为智能小区网络中一个智能节点，互联成网并上联至小区综合管理系统（图5-1）。

从信息组成上来讲，住宅智能化系统包括语音信息、数据信息、视频信息以及控制信息等。

从功能上来讲，家庭自动化系统包括安防功能（可视对讲、防盗报警、火灾探测、煤气泄漏报警、玻璃破碎探测以及紧急呼叫按钮）、控制功能（灯光控制、空调控制、门锁控制以及其他家用电器的控制）、娱乐功能（家庭影院、有线/卫星/闭路电视、交互式电子游戏）、通信功能（电子邮件、远程购物/教育、三表远传、多功能电话、ISDN、VOD、信息高速公路的接入）等。

（二）HAC（Home Automation Controller）——家庭自动控制器

家庭自动控制器HAC是智能小区综合管理系统网络中的智能节点，既是家庭自动化系统的"大脑"，又是家庭与智能小区管理中心的联系纽带。该控制器是采用LONWORKS 技术、Neuron芯片开发的高性能控制器，技术先进、功能强、可靠性高。

1. 家庭控制器的组成

按照智能住宅的系统，家庭控制器的组成分为家庭控制器主机、家庭通信网络单元、家庭设备自动化单元和家庭安全防范单元四个大部分，家庭控制器的组成详见表5-2。

表5-2　家庭控制器结构

家庭控制器	控制器主机	中央处理器 CPU
		通信模块
	通信网络单元	电话通信模块
		计算机互联网模块
		CATV 模块
	设备自动化单元	照明监控模块
		空调监控模块
		电器设备监控模块
		水、电、煤气数据采集模块
	安全防范单元	火灾报警模块
		煤气泄漏报警模块
		防盗报警模块
		安全对讲及紧急呼叫模块

（1）家庭控制器主机，是由中央处理器cpu、通信模块组成。

（2）家庭通信网络单元，是由电话通信模块、计算机互联网模块、CATV模块组成。

（3）家庭设备自动化单元，是由照明监控模块、电器设备监控模块和电表、水表、煤气表数据采集模块组成。

（4）家庭安全防范单元，是由火灾报警模块、煤气泄漏报警模块、防盗报警模块和安全对讲及紧急呼救模块组成。

2. 家庭控制器的选用主要根据以下几个方面来考虑

（1）根据用户提出有哪些被控设备及监视控制要求（功能要求）等因素，来对家庭控制器组成进行配置，包含模块种类的选择和各种模块数量的选择。

（2）根据住宅和小区的建设标准、智能化水平、各个家庭的经济水平，选择相应档次的家庭控制器。家庭控制器要有一定的扩展功能，考虑能适应今后发展的需要。

（3）根据行业调查和公司的工程经验，决定采用相对比较完善的综合管理系统。

3. 三表远传功能

根据国家建设部提出的小康型住宅小区规划要求，对新建住宅统一规划，逐步实行水、电、气三表出户统一管理，实现微机自动检测、计算、收费。三表远传子系统彻底改变了传统的居民住宅水、电、煤气等生活耗能逐月入户验表收费方式，解决了城市住宅耗能的离散性和耗能数据人工处理的烦琐过程，从而节省了大量人力，且避免了入户验表对居民生活的干扰。

三表远传子系统是基于最先进的智能控制网络LONWORKS技术开发研制HAC——家庭控制器的一个功能，系统开放性好，互操作性强，组网简单，既可以自成系统，实现住宅能耗的高质量管理，也可以与智能小区系统中的其他子系统无缝地集成到一起。该系统具有以下特点：

（1）系统适合多种类型的耗能表（包括水、电、煤气表），并且改造非常方便、可靠。根据用户需要，既可实现对住宅水、电、气的集中抄收，也可对其中一项或两项集中自动抄收。

（2）使用独立的用户数据处理装置，各用户独立运行，不会因相互之间的干扰造成数据丢失和混乱；确保抄收及时、准确，且精度与原表相同。

（3）系统采用高可靠性的供电方式，除平时正常交流220V市电供电外，系统的不间断电源可确保在停电时仍能安全可靠运行；同时，每个用户部件有单独的电源，使得在系统连接意外断路和短路情况下，用户部件仍可正常运行。

（4）系统连接采用总线方式，各用户并接在系统总线上，集中抄收用户可达万户以上。

（5）独特的供电工作模式，使系统始终处于低功耗状态工

作，从而减少了系统自功耗，确保了系统的高可靠性。

（6）微机耗能管理软件，采用菜单下拉式工作方式，有较好的用户工作界面，使管理者操作容易便捷。

（7）系统具有管理和监控功能，能随时检测系统工作情况，及时发现系统异常状况。

设备选择：SKJ水电气三表远程抄表系统。

4. 可视对讲功能

随着信息时代的发展，访客防盗对讲机已经成为现代多功能、高效率的现代化住宅的重要标志。可视对讲系统符合当今住宅的安全和通信需求，把住宅入户、住户及保安人员三方面的通信包含在同一网络中，并与监控系统配合，为住户提供了安全、舒适的智能小区生活。

可视对讲子系统功能如下：

（1）通过监视器上的图像可将不希望见的来访者拒之门外，因而不会浪费时间受到推销者的打扰，也不会有受到外表可疑的陌生人攻击的危险，只要安装了接收器，你甚至可以不让别人知道你在家。

（2）当你回家，说"是我"，按下呼出键，即使没人拿起听筒，屋里也可以听到你的声音。

（3）如果你有事不能亲自去开门，你可按下"电子门锁打开按钮"开门。

（4）按下"监视按钮"，即使你不拿起听筒，你也可以监听和监看来访者最多30秒。来访者听不到屋里的任何声音。再按一次，解除监视状态。

多种型号，功能齐全，可视与不可视系统可以同时共用，可以根据用户的不同的要求配置用户满意的装置。

型号有独户型和大楼型，独户型根据接入室内机的台数又分为多种款式；大楼型有经济型和数字形两种。

独户型特为别墅小区量身制作，1台室外机可接、3台室内机、构台室外机可接8台室内机，室内分机具有对讲、相互呼叫功能，2线式无极性配线方式，红外夜间照明，420条解析度以上，防尘防雾，为你的方便和安全尽心尽力。

大楼型是公寓式小区的理想选择，最多可扩至5个室外摄像机，用户最多可达9999户，安全密码开门；室外摄像机可选择组合式或数字式；可视与不可视系统可同时共用，用户可选择2台以上可视与不可视室内机，1~4个室外机可接9999台数字式；或按键式室内机，红外夜间照明，管理中心可同时监控4个门口。

可视对讲室内机可配置报警控制器，同报警控制器一起接到小区管理机，管理机与电脑连接，运行专门的小区安全管理软件，用户的警报可随时在电子地图上直观看出：报警地理位置、报警住户资料，方便物业管理人员采取相应措施。

设备选择：松下公司产品。

5. 报警功能

系统概述：住宅报警子系统是小区物业安防系统的一部分，采用先进无线遥控技术、由微机控制管理，当用户出现意外情况时，按动随身携带遥控器上的不同按钮，即可通过网络，按顺序自动拨通用户事先设定的相应报警电话，并发送出报警语音信息。此外，配合红外、瓦斯、烟雾、医疗等传感器，集有线和无线报警于一体，紧急启动喇叭现场报警，并将警报传至小区管理中心，实现对匪情盗窃、火灾、煤气、医疗等意外事故的自动

报警。

（1）系统组成（图5-2）可分为：

①300兆赫高频遥控发射接收电路；

②双向通信、智能电话识别接口电路；

③即抹即录、断电可保持录音放音系统；

④交流供电及直流断电保护电路；

⑤由微机控制的键盘、液晶、多路传感器输入、报警喇叭输出、电话录放音、遥控发射接收、断电保护等电路系统。

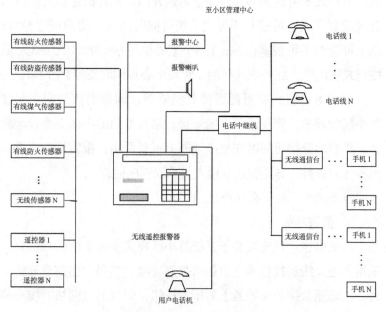

图5-2　系统工作图

（2）系统主要功能

①可适用于不同制式的双音频及脉冲直拨国分机电话；

②可同时设置带断电保护的多种警情电话号码及报警语音；

③自动识别对方话机占线、无人值守或接通状态；

④按顺序自动拨通预先设置的直拨电话、手机，并同时传至小区管理中心；

⑤可同时连接多路红外、瓦斯、烟雾传感器；

⑥手动及自动开关、传感器的有线及无线连接报警方式；

⑦传感器短路、开路、并接负载及电话断线自动识别报警；

⑧报警主机与分机之间的双音频数据通信、现场监听及免提对讲；

⑨设置百年钟，显示报警时间；熟悉遥控器密码设置及识别功能；

⑩户外遥控设置及解除警戒；将主机隐蔽放置，关闭放音开关可无声报警；

遇警及时挂断串接话机优先上网报警；户外长距离扩频遥控汽车被盗及时报警。

6. 控制功能

HVC——家庭控制器的控制功能强大，可实现对家庭的灯光照明控制、空调控制、窗帘的开启/关闭控制、用电器具的开/断电等控制功能，并可通过电话或Internet对家中的情况进行远程监控。

（三）智能小区安全防范系统

对于一个住宅小区而言，居民的安全是首位重要的。为了保障小区内的财产和居民的安全，设计了本套保安监控与安全防范系统。本系统设计以先进性、稳定性、可靠性为原则，所有关键设备器材均采用国际著名品牌，由国外名厂生产，性能价格比极高，并经广泛使用，其先进性、稳定性和可靠性等各方面均得到

实际验证的产品。

1. 保安集成系统简介

保安系统作为智能小区来讲是一个重要的组成部分，是确保小区内居民人身和财产安全的重要手段。智能小区管理系统应可以综合一元化地实现对小区内保安系统的集成管理、报警处理和联动控制。

综合保安管理系统的集成包括闭路电视监视系统、巡更系统、周边防范及居家防盗、紧急报警系统组成。

×××小区的保安系统由闭路电视监控系统、巡更开关、周边防范及家用报警系统等组成（图5-3）。

2. 防盗报警系统

在白天上班家中没有人时，家庭防盗报警系统的双鉴探测器才处于设防状态，以防止不必要的误报警，而烟感探测器、煤气泄漏探测器、玻璃破碎探测器等时时处于设防状态，这样做既可以保护家庭财产，也保护了家人的生命安全；家中的紧急呼叫按钮可以用来应对各种不测事件：当家中突然发生某种意外紧急情况按紧急呼叫按钮可立即得到小区管理中心的帮助。每个家庭的哪个防区的何种报警均可在小区别管理中心的电子地图上清晰地显示出来，管理中心在接到该报警的同时，该信号已通过家庭控制器向预设号码拨号通知家庭主人。通过设置该系统还可以在主人在家时，通过声光质向主人报警，由主人做出处理决定，而不直接向管理中心报警，只有当主人感觉事态紧急时，再通过紧急呼叫按钮向管理中心发出报警信号，这样，既减少了主人在家时的各种误报现象，又减少了管理中心对住户家庭不必要的干扰。

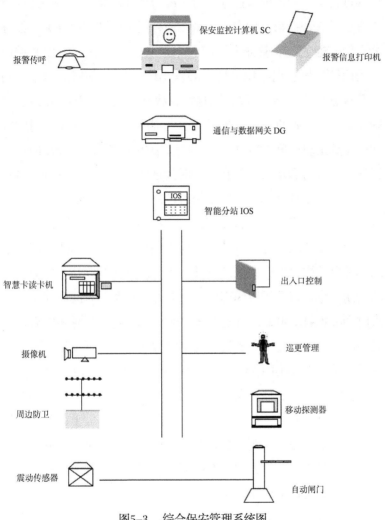

图5-3　综合保安管理系统图

3. 出入口监控系统

出入口监控系统对建筑物（群）内重要的出入口通道、电

梯等进行出入的监视与控制。对于综合性建筑物，常用的监控方式有以下三种：第一种方式，是在通行门上安装门磁开关（如办公室门、通道门、营业大厅门），当通行门开/关时，安装在门上的门感应器会向系统管理中心发出此门开/关的状态信号，同时系统管理中心将门开/关的时间、状态、门地址记录在系统电脑硬盘中。我们也可以利用时间引发程序命令，设定某一时间区间内（如上班时间8:30-18:30）被监视的门开/关时，无须向系统管理中心报警和记录，而在另一时间区间（如：下班时间18:30-8:30）被监视的门开/关时向系统管理中心报警，同时记录。第二种方式，是在需要监视和控制的门（如楼梯间通道门、防火门）上，除了安装门磁开关以外，还要安装自动门锁，系统管理中心除了可以监视这些门的状态以外，还可以直接控制这些门的开启和关闭，也可以利用时间引发程序命令，设某一时间区间（如上班时间8:30-18:30），门处于开启的状态，当下班时间以后，门处于闭锁状态，也可以利用事件引发程序命令，当发生火警时，联动相应楼层的门（特别是防火门）立即自动开启。第三种方式，在需要监视、控制和身份识别（或通行证）的门或者是有通道门市的高保安区（如财务室、控制室、经理室等），除了装门磁开关、电控锁，还要安装智慧卡读卡机，在上班时间可以设定为只用一张卡开门的方式，而在下班时间需要一张卡加一组密码或两张卡加两组密码等方式开门。

对于综合性住宅小区而言，其出入口监控系统可设置在主要出入口及电梯上配合可视对讲系统来用。

4. 周边防范系统

智能小区的周边防范系统是为防止从非入口地方未经允许擅

自闯入小区，避免各种潜在的危险。本方案建议采用主动式远红外多光束探测设备，与闭路电视监控系统配合使用，性能好，可靠性高。本系统具有如下特点。

该系统之感应器能自动侦测出侵入之人或物并同时发出警报声，不需要值班人员长时间监看屏幕，也可借由随身携带的呼叫器告知值班人员警报的产生，可早期发现预先防范；该系统可用低度照度夜猫眼彩色摄影机，不须加装照明设备日夜共用；下雨、下雪、多云的天气与太阳光的变化、鸟与树叶、荧光灯等都不会发生错误的警报。

5. 闭路电视监控系统

其主要要求是辅助保安系统对于小区的周边防范系统及小区重要方位的现场实况进行实时监视。通常情况下多台电视摄像机监视楼内的公共场所（如各个楼门口、地下停车场）、重要的出入口处（如电梯口、楼层通道）等处的人员活动情况，当保安系统发生报警时会联动摄像机开启并将该报警点所监视区域的画面切换到主监视器或屏幕墙上，并且同时启动录像机记录现场实况。

闭路电视管理系统（以下简称CCTV系统）是一种计算机控制的图像矩阵交换系统，利用CCTV系统控制台，操作人员可以选取各种摄像机，将其图像显示在所用的图像监视器上。如果摄像机镜头具备拉推、转动等遥控功能（PTZ），操作人员可以通过操纵杆或控制台上其按键遥控摄像机。录像机、图像分割器及图像处理设备均可接入本系统并通过闭路电视控制台遥控。

CCTV系统可以自动地管理外部报警信号，也可以由选定的监视器依照程序进行显示。系统能够监视摄像机的图像信号电

平，如果摄像机出现故障，CCTV系统会及时做出报警反应并记录下故障。

CCTV系统的外围设备，可以通过系统辅助通信接口进行联动控制。例如门禁、广播系统等都可以直接由CCTV系统控制台控制，本系统的设计使得它可以适应各种场合的应用，包括和智能保安系统联网完成联锁联动，或与其他的一些系统（防火系统）联网。

系统最多可以配置八台CCTV附控制台，它们可以同时一起操作，也可以各自独立操作。

6. 电子巡更管理系统

住宅小区内的巡更管理的主要功能是保证值班人员能够按时顺序地对小区内的各巡更点进行巡视，同时保护巡更人员的安全。"电子巡更管理系统"主要由数据采集器、信息纽扣、数据变送器、微机和专用软件五部分组成。巡更者将巡更过程中的特定时间地点信息采集并输入电脑。管理者用专用软件查阅（或打印）巡更者巡更记录。这样便于发现问题，确保人防、技防综合措施落实到位，达到万无一失的安防目的。

电子巡更管理系统经过多年反复不断的更新换代，其可靠性、抗破坏性、实用方便性、硬件成本、软件环境目前均已达到全面普及的要求。近年来该系统伴随着电脑的普及在全球范围内迅速传播开来。

系统工作原理简介如下：

巡更者采集数据时，只需将手柄（数据采集器）压在巡检点（信息纽扣）上，即可迅速将地址和时间记录采集完毕。不锈钢纽扣中的晶体芯片存储着全球唯一地址码（12位、16位进制）。

手柄内置时钟并含有信息采集电路、工作电池、后备电池、可读写记忆芯片。巡更者对电脑传递信息时，只需将手柄插入机座（信息变送器），用专用电缆将机座与微机串口相接，运行专用软件，即可完成手柄信息传入电脑的任务。软件界面为中文窗口形式，操作非常简单。管理者在中文对话窗口上，只需简单操作即可完成查阅（或打印）巡更记录、分析判断巡更者是否尽职，很容易做到奖罚分明、严格管理，使管理水平上台阶。

（四）停车场管理子系统

随着机动车辆的剧增，停车场的投资与管理不但是一种社会公益活动，也是一种低投入、高回报的商业行为。面对如何正确计算车辆停泊的时间、次数和如何正确合理地收费以及确保投资管理者收益等问题，以往人们曾尝试使用条码卡和磁卡等进行管理，但都在防伪、信息流失以及实际使用等方面存在诸多不尽人意之处，智能卡以其方便、可靠、高保密度、智能化等优越性能，彻底地解决了以往停车场的诸多问题，并有效地解决了费用流失、乱收费等现象，使管理步入智能化、科学化。

1. 产品简介

现代社会，一日千里。电脑化、信息化已进入到社会的每一个角落。智能卡技术从高尖科技已逐渐成为民用、实用技术。普通电脑可以使智能卡技术应用得出神入化，因而省却了以往使用磁卡而带来庞大的计算、传递、动作机构。此系统以智能卡技术和电脑应用软件为核心，配备精良的停车场设备而成。从每一个环节到整个系统的设备都十分完善，拥有众多功能，这里仅介绍主要部分。

（1）使用方便快捷。车辆进入停车场时只需将感应卡在读卡机前晃动一下即可，能在此期间准确无误地完成所要求的核算、收费、记录等工作，此时挡车闸杆自动升起，电子显示屏显示欢迎进入，车辆进出后闸杆自动落下。全过程可无人操作，节省开支。

（2）收费准确可靠。收费标准由主机设定，电脑自动计时核算从而得出停车费用，并通过电子屏显示给驾车者。每台离场车辆的收费都由电脑确认和统计，杜绝了失误和作弊，保障了车场投资者的利益。

（3）可靠性高，保密性好。智能卡以其独特的读写特性和安全策略，使之具有级强的防伪能力和自保护能力。其储存的信息也不会像磁卡那样因磁性干扰和外部干扰而丢失、错乱。因其工作方式是感应式，所以不会产生使用所带来的磁头磨损、磁粉脱落\灰尘影响等烦恼，因而适应各种室内外环境，可靠耐用。

（4）一卡在手，反复使用。智能卡具有相当大的容量，每一张由本公司提供的停车场智能卡，都可在同一张卡上实现考勤、人事、俱乐部消费、保安等管理，当智能卡上的金额接近用完时，可以很方便地通过主管卡交费入款，实现反复使用，其使用次数可达10万～50万次。

（5）形式灵活多样。本系统也可以与监视系统、车位检索系统等实行接口并行，实现综合管理；也可按用户的要求加设特殊的装置，可满足任何形式的停车场使用。

（6）软件功能强大。全中文菜单式软件，界面良好，具有提示、设定、理财、自维护等功能。代理了繁重的人工劳动，提高了效率。

（7）配套服务。本公司将对每一套产品提供安装调试、操作人员培训、快速维修和保障零配件供应服务，并协助用户进行系统更新与软件版本升级。

2. 主要设备及功能

（1）电子显示屏。一般装在读卡机上，以汉字形式显示停车时间、收费金额、卡上余额、卡有效期等。若系统不予入场或出场，则显示相关原因，明了直观。

（2）感应式读卡机。是系统的功效得以充分发挥的关键外部设备，是智能卡与系统沟通的桥梁，在使用时司机只要将卡伸出窗外轻晃一下即可，此后，读写工作便告完成，设备便做出准入或准出的相应工作。

（3）对讲系统。每一读卡机部装有对讲系统，以此工作人员可提示指导用户使用停车场。

（4）临时卡出卡机。为了满足临时泊车者的需要设置。泊车者驾车至读卡机前，电子检测器得此信息并使出卡机得电，按键取卡后（只能取一张卡），便可进入停车场。离场时，一般读卡机不受理临时工智能卡，只能在出口值班机房内插入电脑读卡口，并收款、收卡后，其他设备才接受准许离场的信号。

（5）自动挡车道闸。自动道闸为国家专利产品。其闸杆具有双重自锁功效，能抵御人为抬杆，科学的设计使产品能在恶劣环境下长期频繁工作。除此之外更有发热保护、时间保护、防闸车保护、自动光电耦合等先进功效，使其在同类产品中达到无与伦比的境界。

（6）电磁检测器。它是收费系统感知车辆进出停车场的"眼睛"，电磁检测器采用了独特的数模转化技术，抗干扰能力强，不怕任何恶劣环境。同时该检测器具有可靠性与灵敏度同时

提高的独到之处。这就保证了电脑能够得到可靠的信息，从而保证了系统能够安全准确地运行。

（7）车位检索系统。在每一个车位设置一套检测器，通过处理器并入主系统。装设该系统后，电子显示屏则会将当前最佳停车位置显示给泊车者，省却驾车者在车场找车位的烦恼；同时，可在主控电脑和每一个入口电脑随时查询车场中的车位情况，并以直观图形反映在电脑显示器上，若车场内无空车位，每一个入口读卡机则不会受理入场并显示"车场满位"的字样。

（8）防盗电子栓。对固定车主的泊车位，加设一套高码位遥控器与检测器并行工作，使检测器同时具有守车功效，车主泊上码，取车解码，防盗电子栓如同一条无形的铁链将车拴住，若无解码取车则报警系统即时开通工作，有效地防止了车辆被盗。

3. 软件功能简介

（1）设定功能。使用主管卡，管理者可以对岗位（机台）、操作员、收费标准、智能卡的发行等进行功能设定。

系统一经设定，每一个出入口的机台，岗位就有了明确的分工；岗位上操作珠权限范围和职责也得到规定；每张智能卡在发行后，持卡人的资料、车牌号码、该卡属性、计费等级、使用期限等均在管理者的掌握之中。每一个持卡者驾车出入停车场时，读卡机便会正确地按照既定的收费标准和计算方式进行收费，忠实可靠，铁面无私。

（2）理财功能。该功能相当于一个强大完善的财务管理系统。停车场每一刻的所有动作，都能如实地记录、整理、统计。管理者可随时查询、打印车场动作情况。如整个停车场收费情况、某岗位收款情况、某操作员收款情况、存车量、某卡的进出次数、时间、卡内余额等。

（3）系统自维护功能。该功能使系统自动地将接收的数据进行整理、排列、合理放置。保证系统随时都以最大空间和最佳状态运行。可以根据用户的要求添设特殊的功能。

4. 停车块管理流程

如图5-4所示。

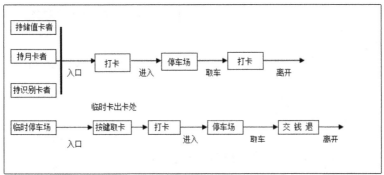

图5-4 停车块管理流程示意图

5. 基本配置

（1）全自动道闸

（2）读卡机

（3）车辆探测器

（4）管理计算机

（5）临时发卡机

（6）防砸装置

（7）车位感应器（可选）

6. 配置

如图5-5所示。

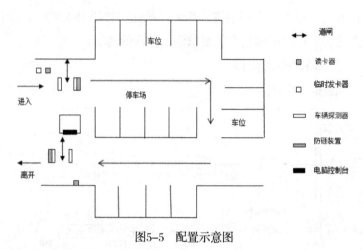

图5-5　配置示意图

（五）LED显示系统LED电子显示屏

1. 用途

大屏幕电子公告，每天可以向居民发布天气预报、报刊新闻、社区公告等，该电子公告可取代目前使用的公告黑板，具有很好的社会效益。大屏幕显示的内容由中心计算机控制，通过一套专用软件，可方便修改电子公告牌显示的内容。

2. 系统构成

如图5-6所示。

输入设备	控制设备		显示设备
键　　盘 扫 描 仪 鼠　　标 摄 像 机 录 像 机 激光视盘	┌ 编辑用微机 ├ 多媒体卡 └ 监视部件	RS-232 微机局域网 视频电视	图 文 显 示 屏 LED

图5-6　系统构成图

3. 系统特性

（1）同步显示。计算机显示器与LED显示屏可同步显示，控制室操作人员可随时了解屏幕的显示状况。

（2）脱机显示。LED显示屏按操作人员预定循环显示图文和动画，计算机可用于编辑或其他用途。

（3）选材优质。显示屏采用进口LED发光材料，根据用户需要可选择直径3mm、5mm、8mm、10mm等不同直径的发光管构成各种规格的显示屏。

（4）模块化结构。可根据用户需要，拼装成不同小面积的显示屏。

（5）系统具有可扩充性。红、绿、黄三色，16级灰度、256色、视屏可逐级扩充，保障用户前期投资不浪费情况下，可分期投资、逐步扩展其功能。

（6）室外显示屏采用特殊材料处理。防水、密封，可在–25℃~+40℃室外环境温度下正常工作。

4. 显示方式

（1）二维画面显示：由扫描仪和键盘配合使用，生成图文混合画图面。画面切换方式可以上、下左右覆盖，开合等数十种生动活泼的变换方式。

（2）三维画面显示：由用户采用本系统提供的编辑软件，可创意制作出多种三维动画图形和文字。图文可在三维空间任意旋转。

（3）文字显示：可显示中西文字，中文可用宋体、楷书、黑体、仿宋体等多种字体显示。每种字体有标准、空心、斜体、扁体、长体并可进行汉字镶边、立体汉字等多种处理。字形大小

可无级放大。

（六）照明、配电、给排水等系统控制

照明、配电、给排水等系统的控制均采用点对点式、全分布式智能控制网络技术，构网简单，控制功能方便灵活，在降低布线、施工成本的同时，大大提高了系统的可靠性。

（七）智能小区综合管理系统——IDMS—2000

智能小区综合管理IDMS—2000系统采用先进的智能控制网络技术LONWORKS，充分挖掘了LONWORKS技术全分布式、开放性好、互操作性强、自由拓扑的网络结构等特点，将小区内多样的设备控制功能同保安监控、数据网络、视频传输等其他功能有机地结合起来，并可方便的同WAN/Internet相连，实现电子邮件的传递、远程购物/教育、远程医疗诊断、远程监控等功能，真正将小区的各种信息集成到一个管理平台上。LONWORKS技术的采用，提供给人们安全、舒适、幽雅的生活环境、方便、快捷的现代生活方式，在节省并保护业者初期投资的同时，大大方便和简化了小区的物业管理。

1. LONWORKS技术简介

（1）技术简介：LONWORKS网络是采用神经元芯片技术，在OSI七层协议上实现控制网络。神经元芯片和Lon Talk网络协议是LONWORKS的核心技术。

①神经元芯片：神经元芯片是LONWORKS技术的核心。使用CMOS CLSI技术的神经元芯片使实现低成本的控制网络成为可能。所有得到和处理信息、做出决定、生成输出和传播控制信息、标准协议、使用不同的通信介质所需要的功能都包括在每一个神经元芯片中。神经元芯片是高度集成的，使用它所需要的外

部器件是最少的。在这种芯片中有三个8位的CPU。第一个CPU为介质访问控制处理器，它处理LonTalk协议的第一和第二层。包括驱动通信子系统硬件和执行冲突避免算法。处理器1与处理器2使用位于共享存储区的网络缓冲区进行通信。正确地对在网络上传播的报文进行编码和解码。第二个CPU为网络器。它实现LonTalk协议的第三层到第六层。它进行网络变量的处理、寻址、事物处理、证实、背景诊断、软件计时器、网络管理、函数路径选择等。控制网络通信口、物理地址，发送和接收数据包。该处理器使用共享存储区中的网络缓冲区与处理器1通信。使用应用缓冲区与处理器3通信。第三个CPU是应用处理器。它执行由用户编写的代码及用户的代码调用的操作系统服务。Neuron芯片的编程语言为Neuron C。它是从ANSI C中派生出来的，并对ANSI C进行了删减和增补。

对Neuron C的扩展主要是：

A. 一个内部多任务调度程序。它允许程序员以自然的方式来表达逻辑并执行事件驱动的任务，同时控制这些任务的优先级的执行。

B. 将I/O对象直接映射到处理器的I/O能力的语法。

C. 网络变量说明的语法。网络变量是Neuron C语言的对象。无论什么时候对网络变量赋值，它的值都通过网络自动地被传送。

D. 毫秒和秒计时器对象的说明语法。这些计时器在终止时激活用户的任务。

E. 一个Run-Time函数库。调用它可以实现事件检查、I/O活动的管理、通过网络接收和发送报文以及控制Neuron芯片的各种

功能。LONWORKS的固件支持以上所述的所有功能。因此，不需要程序员再编写这方面的程序。

Neuron芯片有一个通用的通信口。它由5个管脚组成。这5个管脚可以配置为与各种通信介质接口（网络收发器），并且可以覆盖广泛的数据速率。通信口可以配置为下列三种模式：单端、微分或特殊目的等三种模式。

神经元芯片既可以从具有5个管脚的通信口，也可以从具有11个管脚的I/O口发送和接收信息。这些管脚可以用在不同的配置下，以便为外部硬件提供灵活的接口和访问芯片内部计时器。应用处理器可以读回输出管脚的电平。管脚I/O0到I/O3具有高电流源能（20mA@0.8V）其他管脚具有标准接收能力（1.4mA@0.4V）所有管脚（I/O0到I/O10）具有含有磁滞的TTL电平输入。管脚I/O0到I/O7还具有低电平检测锁定。

② LonTalk协议：LONWORKS技术所使用通信协议称为LonTalk协议。LonTalk协议遵循由国际标准化组织（ISO）定义的开放系统互连（OSI）模型。以ISO的术语来说，LonTalk协议提供了OSI参考模型所定义的全部七层服务。除了LonTalk协议以外，还没有哪一个协议宣称它能够提供OSI参考模型所定义的全部七层服务，这是LONWORKS技术的先进性之一，也是LonTalk协议区别于其他各种协议的重要特点。

LonTalk协议支持以不同通信介质（Media）分段的网络。LonTalk协议支持的介质包括双绞线（Twisted Pair）、电力线（Power Line）无线（Radio Frequency）、红外线（Infrared）、同轴电缆（Coaxial Cable）和光纤（Fiber Optics）。其他的许多网络只能选用某种专用的介质。而LONWORKS技术网络可以同时使用上述的各种介质，这是LONWORKS技术的先进性之二。概括起来讲，LonTalk协议具备以下特点。

A. LonTalk协议支持包括双绞线、电力线、无线、红外线、同轴电缆和光纤等多种传输介质。

B. LonTalk协议包括一个可选的网络接口协议，该协议可以用来支持在任何处理器（Host Processor）上运行LonTalk应用。主处理器可以是任何微控制器、微处理器或计算机。主处理器管理LonTalk协议的第六层和第七层并使用LONWORKS网络接口来管理第一到第五层。LonTalk网络接口协议定义网络接口和主处理器之间交换的数据包的格式。

C. LonTalk协议使用面向应用协议的数据。用这种方法，应用数据项如温度、压力、状态、文本字符串和其他数据项在节点之间以标准的工程和其他预定义好的单位进行交换。命令被封装在接收节点的应用程序中而不是通过网络被发送，用这种方法，相同的工程值可以被发送到多个节点，每个节点对该数据有不同的应用程序。

D. LonTalk协议的表示层中的具被称作网络变量。网络变量可以是任何单个数据项也可以是数据结构。每个网络变量有一个由应用程序说明的数据类型。网络变量的概念大大简化了复杂的分布式应用的编程，网络变量提供了非常方便灵活的观察系统中由节点操作的分布式数据。程序员不需要处理报文缓冲区、节点地址、请求/相应/重试过程，以及其他一些底层的细节。

（2）LONWORKS技术特点：

① LONWORKS是支持完全分布式的网络系统：由于LONWORKS的基本构造——节点具备了通信联网能力，并且

LonTalk支持自由拓扑构造，网络的构建只需将各节点以任何形式连接。节点同时具备控制和数据处理能力，所以各节点的地位是完全对等的关系，在网络上传输的信息是共享的，对信息的访问权限由节点的通信协议软件配合网络管理软件实现。

这种分步式的网络体系改变了以往楼宇控制系统按功能划分，各子系统之间垂直分割，不能共享信息，设备重复投资的状况。各功能子系统不再对应物理子系统，而是由一些网络节点构成的虚拟网络组成。在虚拟网中，节点可以被多个虚拟子网共享，从而有效利用了设备资源，系统的变更维护也更加方便。

② LONWORKS可以支持多种介质：LonTalk协议支持以不同通信介质（Media）分段的网络。LonTalk协议支持的介质包括双绞线、电力线、天线、红外线、同轴电缆和光纤。其他的许多网络只好能选用某种专用的介质。而LONWORKS网络可以同时使用上述的各种介质。为网络系统互连提供了最大的灵活性，同时，对信息传输系统有最好的适应性，使系统的扩展也更加方便。

③ 支持INTERNET：以往的楼宇控制系统往往采用封闭结构体系，与其他信息系统的沟通能力极差，十分不利于大楼综合信息管理系统的建设。采用 LONWORKS技术后，在 LONWORKS测制网络上的传感器和执行器层的数据可经过 LONWORKS上的网关进入数据网络。通过开放性的API后，设备上的过程数据和状态信息则可由综合信息管理系统统一管理，甚至可经过INTERNET与远程的控制节点共享。如大厦的管理人员可在世界上任何地方通过INTERNET洞察楼内的所有信息，甚至下达到每个传感器和执行器的工作状态。通过 LONWORKS网络与Java平

台的结合，管理人员可以监视控制系统，从传感器到高层的分布控制系统，大厦的维护人员可对网络中的任一装置点进行修改。现场工程师可经INTERNET将新的软件下载进节点。如果用户需要技术支持，维修人员可在远地直接对现场上的节点装置进行诊断或维护工作。

④ LONWORKS是成熟的系统：到今天，全世界已有2600应用开发商，为用户提供全方位的产品系列，所安装的LONWORKS节点数目已超过250万个：从超级市场到石油平台，从卫星到高速列车，从激光发射器到自动投币机，从家庭住宅到航天飞机。具有极大的灵活性、适应性，而且成本低于传统的应用方式。同时，LonMark互操作性协会，一个由十几个国家的150余个公司组成的独立行业协会，正在定义、发表和确认产品的互操作性标准。

几乎每一领域都有摆脱独享控制方案和中心控制系统的趋势。每个厂家开放形式、成品芯片、操作系统和部件组建产品以改善控制的可靠性、灵活性、系统成本和性能。在中心控制系统中，远程传感器向中心控制器提供反馈信号，来控制传感器和执行器。每个系统通常有自己单独的I/O和处理过程，这类中心系统开发、安装成本高，难以扩展，最终用户用于维护和扩展的费用太大。LONWORKS技术现在走在了摆脱独享控制方案和中心控制系统的前列，在一个LONWORKS网络中，智能控制设备（又称节点）通过特定协议进行通信。网络中的每个节点由嵌入信息来实现协议和执行控制功能。另外，每个节点包括一个物理接口，通过通信媒介连接每对节点的微处理器。LONWORKS中，开发硬件和软件时对用户的要求很少。高成本的点对点连接被低

成本的分散式连接甚至是动力线连接或无线的RF信号技术所代替,系统更易建立、增加或改变。

LONWORKS网络技术在世界上许多行业中已成为标准,在楼宇自动化工业,LONWORKS技术已经成为既成事实的标准。它包括在ANSI批准的BACnet楼宇自动化标准中,并且在世界范围内用于楼宇自动化系统的开发。世界上有超过24家公用事业公司,包括Detroit Erison、Wisconsin Electric、Entergy、Central&Southwest、Sydkraft 和Scoffish Hydro在住宅能源管理应用方面使用LONWORKS技术。它的系统和性能可大可小,提供了许多结构化和功能化的灵活性。用独立的平台,LONWORKS技术为许多领域提供了扩展控制标准的机会。

总之,LONWORKS是一种开放互连的网络系统,在灵活性、开放性、可扩充性等方面都有很好的表现,十分适于作为智能小区的信息管理平台。

（八）智能小区综合管理系统

1. 概述

随着我国国民经济的飞速发展,人民生活水平不断提高,人们对生活环境要求日益提高,尤其是对居住环境不断提出新的需求,为了适应这种形式,小区的经营者不仅首先要有坚实的硬件基础,还要有一套现代化的物业管理系统。而要实现这一功能,就要求物业管理者配备一套高效的管理信息网络,以便在小区内快速地发布与获取信息,以最快的速度响应用户的需求,及时为用户提供服务,为住户提供一个高效、舒适的居住、生活环境。

2. 系统结构与功能

信息网络结构如图5-7所示:

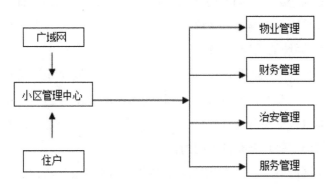

图5-7 小区管理网络框图

整个小区内的建筑物通过结构化布线系统构成一套完整的物理传输网络，小区内部及外部信息可以在网络上快速传输，管理系统功能如下：

①信息存储中心。收集、整理、归类小区内各类物业信息，进行集中存储和集中访问。主要包括小区人事（住户、工作人员）信息、小区收费信息（三表、服务及其他费用）信息、小区房产信息、小区财务信息。

②Web信息发布。小区网管中心完成信息发布的组织工作，将信息分成不同的类型，按照群组与用户的不同将相关信息分类存储，通过系统对Web站点进行组织管理。

③电子邮件。用包含图像、声音、视频的多媒体邮件来代替传统的信函、传真等。还可以使用Internet电话。

④目录服务。小区网管中心将网络信息资源、各类数据库、文档数据库等综合为单一的目录，用户通过普通的浏览器就可以迅速访问所需要的信息。

⑤协同工作。在Web平台上使用基于Client/Server计算的群

件，能为小区内不同智能部门的合作提供服务，包括文件共享、协作、日历、进程表、会议等。

3. 系统的设计与实现

（1）小区管理中心：小区网络管理中心既是小区管理中心的中枢，又是小区与外界进行网络通信的桥梁，小区管理中心一方面通过代理服务器连入Internet，一方面进行内部域名解析（小区各机构与每户皆有自己的内部IP）。

小区网管中心由两台互为热备份的奔腾II服务器构成，运行Windows NT4.0 Server，这样既使运行稳定，又减少了成本。小区中心数据库采用MS SQL Server 6.5构建，运行在服务器上，保存小区所有的物业、人事、财务等信息。服务器上安装MS Internet Information Server 4.0软件，安装Web信息发布、自主开发的小区综合查询模块。

为了保证中心数据库信息资源的安全与网络管理中心的正常运行，系统提供如下四种网络安全办法：①防火墙。是小区内部与外部Internet连接的必经之路。防火墙按照系统管理员预先定义好的规则来控制数据包的进出，只有经授权的用户才能访问小区内部网。②身份认证。鉴别用户合法性的另一种方法，与密码相比有较高的安全性，可选用智能卡或Token。③加密、数字签名。对于关键信息，以密钥为基础的加密系统来传送。④内容检查。监控Applet与Activex的运行，防止病毒通过E-mail或用户下载的Java Applet、Activex进行传播。

为了保证信息分类、分级浏览权限，系统引入了三个概念：频道、用户群组、推送技术。①频道所有的信息资源按一定的要求被定义为不同的频道，通过频道对小区中心数据库发布的信息进行分类和组织管理。②用户群组系统采用用户群组的概念组织用户群组，直接对应现实生活中的人员组织结构，不同用户群组所能访问的频道不同，保证了对信息资源的分级、分类访问。③推送技术在协同工作中，小区各机构针对不同用户群组将工作的信息推送到相关工作人员桌面，以增加及时性，减少信息传送环节、节约成本。

各部门内的计算机均通过各自部门交换机直接连接服务器，运行各自的客户端软件，由于C/S模式具备B/S模式所没有的灵活性、速度与安全性，故客户端软件仍以C/S模式开发。客户端软件采用RAD开发工具开发，模块共享，界面与操作方式统一。住户运行浏览器（如IE，Netscape），以B/S方式连入小区内部网，浏览器自动下载客户端JAVA小程序，这样住户只要学会上网，便可轻松享受小区服务与娱乐，又大大减少了软件维护与升级的费用。

（2）物业管理：主要有以下五个方面，实现管理办公自动化。

①房产管理。既对受托管理的房屋和设备接管、验收、建立档案进行使用管理，处理住户入住、租赁、调换房屋等业务要求服务。

②房屋维修管理。依据国家对房屋维修管理的有关规定和小区的实际情况，自动制定出房屋土建工程的建议修缮计划，并辅助管理人员对实施中的计划进行管理和监控。

③房屋设备管理。包括设备运营服务和维修，小区公用设备的保养与维护，住户使用设备的维修（详见小区维修）。

④各类房屋的租赁、经营、销售管理。

⑤公共设施和环境管理。包括环境卫生、环境绿化、基础设施建设等。

（3）小区综合查询：通过使用综合查询模块，小区物业管理者可以很方便地对经过分类、综合、汇总的信息进行查询、分析、预测，大幅度减少了操作环节与工作量，小区住户可以通过私有口令查询，如三表（水、电、煤气）、房租、卫生、购物等收费情况。

（4）小区收费：小区内统一收费，主要包括水、电、煤气三表收费、房租、停车费、保安、卫生、有线电视等（其中三表收费数据自动从下位机采集）。每计费月自动计算出相应付费额，从小区银行各户的户头上自动扣除相应费用，同时向用户发出E-mail形式收费通知。各类收费经计算机汇总，由小区工作人员统一转入小区外各个收费单位。如用户欠费，则通知工作人员注意，进行人工或自动处理。

（5）小区保安、小区防火、防水：小区保安中心通过分布在住户房门、窗户、厨房等处的报警器与传感器以及小区围墙、大门等处的监视器来监控小区的情况，及时对火、水警发出自动报警。

（6）小区维修：维修部门的微机随时检视住户的应急维修要求，接到用户需求后，该模块先判断维修任务类型，从数据库中检索出负责此类维修任务的维修人员传呼号码，再通过电脑语音卡传呼该人员，通知相应住户信息、维修信息，这样便可迅速对住户的维修要求做出反应。

（7）小区自动停车场：对外来车辆采用热敏纸票出票/验票，对内部车辆采用IC卡进/出场验卡，在一台主控计算机控制下，综合在一套设备内，入口无人值守，出口自动记录与放行，人工操作亦可。

（8）小区银行：每户设一个账户，住户不定期向银行存入钱款，由小区收费模式按计费月从中扣除相应费额。住户可以通过网络进行存储和取用，也支持用户通过信用卡支付。

（9）小区服务：生活在小区中的人们，需要舒适的生活条件、完善的安全保障、多样的娱乐活动，对于中老年人与孩子来说，小区也赋予了他们新的意义。为此，本系统增加了几个新的功能模块。

小区服务方式既支持Internet网上交费，也全面支持IC卡消费。住户持有含身份标识的IC卡，可在小区各服务设备内消费，消费额统一经小区银行由住户户头上扣除。

在消费过程中，系统通过以下五步骤的验证来保证支付的安全：

第一步，鉴权：要求每个IC卡机首先证明消费者身份。

第二步，授权：系统一旦证明其身份即可控制登录特定资源。

第三步，保密性：要保证授权各方之间的传输的信息的安全性。

第四步，一致性：要保证传输信息到达目的地后仍保持发送时的格式。

第五步，来源的不可否认性：要确保在某一方发出经过授权的电子数据后，该方随后不能否认该数据的来源和内容。

这样，消费活动通过电子方式进行，既方便快捷，又大大减少了人为的许多弊病，易被广大用户所接受。

①小区医疗与中老年人保健：小区为每位住户建立健康档

案，定期为每位住户特别是中老年住户检查身体。以推送技术的形式每日通知住户天气情况，并根据季节、气候、天气的变化及住户的身体状况提出健康建议。住户使用NetMeeting，可通过话筒（有条件的可安装NetMeeting）来与小区卫生所或区外提供相应服务的各大医院现场进行保健咨询。对有特殊要求的住户（如心脏病人），提供远程健康检查监视套件。病人的健康情况可随时通知医护人员。突然发病，及时治疗。

②小区商店：支持网上结算，如网上商店、网上书店、网上花店、网上订餐等等。

③小区托教：配有专职教师与志愿人员，线上交互式地向住户传授育儿知识、回答住户咨询、辅导儿童功课。

④小区康乐：可提供VOD（视频点播）、联网游戏、电视节目预定、小区BBS（电子布告栏系统）、小区讨论组等方式。（注：VOD与电视节目点播，因需有大量多媒体数据传输，需要网络为ATM架构。）

（10）系统开发平台：系统主要依据基于Windows NT的网络解决方案，小区内部以LonTalk协议进行通信，对外以TCP/IP协议通信。在Internet上充分利用了JAVA语言的功能，为将来的跨平台与移植打下了良好的基础。

服务器Windows NT Server 4.0、Internet Information Server 4.0、Proxy Server 2.0、Exchange Server 5.0、SQL Server 6.5、Mail Server 2.0、SNA Server 1.0、SMS Server 2.0。

客户机Windows 98、Windows 95、Windows 3.2、IE 4.0、Netscape 4.0。

开发工具LonBuilder、LonMaker for Windows、Jbuilder 2.0、

Delphi 3.0、Visual Basic 5.0、Visual C++ 5.0、MS Office 97、FrontPage 98。

第二节 智能小区的发展与前景

随着科技发展，社会及生活面貌的日新月异，普通的老式居住房因为其安全性舒适度以及网络自动化等因素越发显得与这个时代格局格格不入，取而代之的则是新兴的以科技为媒介的成果，智能住宅小区。那么，我们如何来定义智能化小区这一概念呢？"智能化住宅"目前业界尚无确切定义。英国推向市场的"聪明星"和注入现代网络技术的"网络房屋"，以及丹麦推出的"网络厨房"应该算是智能化住宅的代表作。而在中国"智能小区"发展得特别快。那么，作为设计人员究竟应该如何认识智能化住宅和智能小区呢？笔者认为：智能化住宅是一种面向市场销售的特殊商品，基本属性是商品；而"智能小区"则是更大范围内的智能化住宅集成或稀释，其属性仍然是一种特殊的商品。首先，作为城市的基本单元，智能住宅小区是延伸于智能化大楼的，在此基础上，这一新兴产业更注重于满足用户的安全性、舒适性、便利的社区管理及服务、多媒体信息服务等个性化需求；其次，智能化小区的亮点在于采取集中控制、模块化结构的设计方式，所有子系统的管理都集中在综合控制中心，通过智能建筑技术扩展到一个区域的几座智能建筑进行综合管理，再分层次地

连接起来进行统一管理。这就是笔者个人认为的智能化小区的基本概念。

当然，若要称得上智能化小区，则必须具备一些基本配置。首先，完善的综合物业管理系统：配置实用的计算机物业管理软件，实现小区物业管理计算机化；建立小区管理信息系统，实现远程抄表功能；各系统实现信息连通，统一管理。其次，建筑设备监控系统：通过给排水监控系统的监视，显示有关的运行状态；电梯工作状态的故障状态及所在楼层位置受到监视；照明设备的监控。最重要的一条是安全防范系统：小区周界报警，设置红外、微波等装置，中心能够显示各报警路段和报警时间；摄像监视，小区重点部位设置相应的探测器或摄像机，监视有关信息和传输图像可记录和存储；可视对讲；小区居民室内具有燃气泄漏报警、门磁、红外、玻璃破碎、漏水检测、紧急求助等功能；通过智能卡或其他形式对进出车辆进行管理和计费。当然，智能小区的基本配置远不止这些。随着科技的进步，其突出特点——人性化服务，一定会带给我们更方便更舒适的居住环境。

一、国外智能小区的发展

智能住宅的发展几乎与智能大厦同步。早在1979年，美国斯坦福研究所就提出了在建筑物内将家用电器、电气设备的控制线统一为家庭总线的概念。之后，在美国成立了现代住宅研究会，专门从事这一领域的研究。1983年，美国电子工业协会开始制定家庭电气设计标准。1984年，美国住宅建筑者协会成立了现代住宅开发公司，开展有关基础性研究工作，并在1989年推出了将电力供应、空调控制和数据通信合成为整体的布线系统示范单元。在这期间，智能住宅（SmartHome）的概念在欧美等发达国家得到了广泛认同和发展。欧洲在1986年把集成化的家庭系统研究列为尤利卡计划，大力进行研究。在20世纪80年代，欧洲电气标准化委员会制定了家用数字总线标准，进一步规范化了智能住宅技术标准。

日本在20世纪80年代初即大力推进家庭电子化。在80年代中期，将家用电器、保安设备、通信设备功能综合后，提出了家庭自动化的新构想。1988年，日本建立了住宅信息化促进会，主要开展家庭总线技术的研究，并且公布了总线标准。近年来为了大型住宅小区的需要，又提出了超级家庭总线系统的概念。1996年，日本推出多媒体技术引入智能住宅，并取得重要研究成果。

在东南亚，新加坡的智能建筑技术研究处于领先水平。如宝德胜家庭智能化系统，已经用于30多个住宅小区。在"98亚洲家庭电器与电子消费品国展览会"上展示的"未来之家"，其智能品质受到人们的关注。智能住宅系统具有家庭安全自动化、家庭设备自动化和家庭通信自动化的功能。

二、国内智能小区的发展

我国对智能住宅的研究刚刚起步，但已经引起有关部门的高度重视。一些大公司和房地产商已投入相当的力量，推动智能住宅小区的普及与推广。1994年，国家科委立项资助重大科技项目"2000年小康型城住宅产业工程项目"，其目标是以科技为先导，以示范住宅小区建设为载体，推进我国住宅产业现代化，构建新一代住宅产业。该项目于1995年正式启动。国内30家科研单位、高等院校和生产企业参与了该项目的研究和发展。在该项目中，把"智能型住宅技术"列为重中之重专题，投入大量人力与物力，重点开展技术、产品与工程应用研究。1997年，建设部组

织有关单位制定了《全国住宅小区智能化系统示范工程建设要点与技术导则》（试行稿），对住宅小区设计规定了基本要求。在上海、北京、大连、成都等城市，已先后建成不同规模、不同标准的智能化住宅小区。在上海浦东新区建立了"信息城"，城中设有智能信息套房，作为智能住宅的示范单元，展示现代高新技术服务于人类的美好前景。

三、智能小区在我国的发展前景

在中国，随着数以亿计的农民进城打工，买房成了许多人的梦想和奋斗的动力。而传统的单机版住宅也不符合当今时代的特点，旧貌换新颜。那么，作为当今时代新型的最热门产业，智能化小区的发展前景必定颇为乐观。

管中窥豹，可见一斑。从大方面来讲，未来的智能化建筑趋势和走向大致分为四类。

（1）网络化。随着网络技术和我国第二代互联网技术的发展，必将加强社区的网络的功能的发展。通过完备的社区局域网络可以实现社区机电设备和家庭住宅的自动化、智能化，可以实现网络数字化远程智能化监控。

（2）数字化。数字化技术是社会发展的必然趋势，社区建设也必须走数字之路。网络技术加快了信息传播的速度，提高了信息采集、传播、处理、显示的性能，增强了安全性和抗干扰的能力，以达到最好的效果。数字社区是数字城市的基本单元，数字社区的建设为数字城市的建设创造了条件，为电子商务、物流等现代化技术的应用打下了基础。

（3）集成化。将各离散的子系统进行集成是必然的趋势，也是智能社区的目标。智能社区提高了智能系统的集成程度，实现了信息和资源的充分共享，提高了系统的稳定度和可靠度。

（4）生态化。近几年随着新兴的环保生态学、生物工程学、生物电子学、仿生学、生物气候学、新材料学等新技术的飞速发展，这些技术正在深入渗透到建筑智能化领域中，以实现人类居住环境的可持续发展目标。而衍生出所谓"微观安防"一门新兴的可持续发展新产业。这样的智能型生态小区，既满足当代人的需要，又不损害后代人持续发展需求的能力。

总结一下就是"以人为本"和"节能"的思想。小区建设在未来将逐渐深入到建设智能化家庭的建设。比如使小区居民可以在家实现"电子货币"交易或网上购物、网上医疗诊断、参观虚拟博物馆和图书馆、点播VOD家庭影院。环保是21世纪的重要主题，所以未来的小区建设将更多地考虑到环保问题。主要体现在小区住宅能源的供应上，要本着节能的原则，让小区设施在成为服务环节中的一员的同时，使小区居民、小区设施、小区环境高度统一、和谐，融为一体。未来智能小区的设计将坚持人性化的系统设计思想，最大限度地向居民提供温馨舒适、方便周到和经济的服务，处处为居民着想。

由于智能化小区在我国属于新兴产业，发展时间尚短，经验不成熟，管理不到位，所以存在一系列问题。

（1）市场定位。"智能小区"提供的是商品化住宅产品，是面向社会的个人家庭销售。智能小区与智能大厦相比，其市场化特征更为突出。因此，在项目开发规划设计之初，市场定位必须准确，向哪些人提供什么档次的住宅？进而确定提供哪些智能化功能？否则不是功能过剩，就是功能不到位。

（2）经济性。根据笔者的近几年智能小区的设计经验，智

能小区的建设必须坚持"经济性"、"可靠性"、"开放性"和"可持续发展性"四项原则。其中"经济性"是关键。前不久，有机会看到陈运根先生《住宅弱电设计及智能化探讨》一文，文中作者提出智能化住宅不适合我国目前国情的重要一点是："目前，我国仍是一个发展中国家，很富裕的家庭不多，房价是购房者考虑的首要因素。高造价的智能化住宅给住户不能带来明显的实惠，将很难受欢迎。"笔者不敢苟同智能化住宅和智能小区不适合中国的国情的观点，但十分赞成这种把经济性放在第一位的观点。因为智能化住宅和智能小区的实质是商品，我们在进行功能设计、技术路线选择、设备配置时，必须由市场定位确定功能需求，遵循"技术和功能匹配、设备和技术匹配、设备和设备匹配"，其中一定要处理好由于智能化系统而增加的房价尺度。根据笔者的经验，一般中高档住宅的智能化系统造价控制在 $50 \sim 100$ 元/m^2 为宜。

（3）设计好智能小区三大平台是关键。根据笔者的设计经验，实现智能化系统的"可靠性""开放性"和"可持续发展性"，关键问题是设计好小区的智能化系统三大平台，即智能化系统的物理平台——综合布线系统。技术平台——计算机网络、操作平台——现场控制总线。遍布小区的安防系统、现代通信系统、计算机网络和有线电视系统、物业管理服务系统等等，以及"VDO"点播，"一卡通服务"、"电子商务"等等，都要求小区必须具备一个开放性的结构，可满足系统的可持续发展的要求。

对小区物理平台——综合布线系统的设计，笔者认为选择"三网合一"和"一网多功能"是明智之举。目前计算机网和有线电视网以及电信网的"三网合一",或者加上现场控制总线的"一网多功能"技术和设备都已经成熟,到了实际应用阶段,而且可大大降低工程造价和技术风险,提高经济性和增加可靠性。当小区规模较小或者智能化系统要求不高时,采用"混合结构化布线"比较经济。笔者十分赞成陈运根先生的观点,不能盲目追求所谓的"5类"、"超5类"、甚至"6类"布线系统。

小区技术平台——计算机网络的选择,则尤其要注意防止技术过剩问题。笔者曾经遇到过一个小区的智能化系统设计实例,1500户中高档住宅的小区的计算机网络系统选择了配备1600多万元的小型机的计算机的局域网。毋庸置疑,它肯定是好用的,但百分之百的没有必要,是一个典型的技术过剩案例。智能小区的智能化系统设计,必须充分注意回避技术陷阱,绝不是选用的技术和设备越先进越好。

选择好的小区智能化系统操作平台——现场控制总线最为重要!根据笔者的经验,无论是多么高档的小区,大可不必一次将全部智能化系统功能上齐,而选择"一次整体规划设计、分步建设到位"的策略最为科学和经济。那么选择一个开放性的现场控制总线将是关键的关键。笔者认为目前各类现场工业控制总线往往都太偏于工业控制的实时性,过于封闭和价格普遍偏高;而采用通常的485总线又满足不了日益发展的网络通信要求。因此,发展家庭控制总线是一个必然结果。

设计建设好小区三大平台可以使小区智能化系统形成一个开放式结构,方便地根据住户的需求分别有选择地分步上各个子系统,逐步完善园区的智能化系统功能。因此在笔者看来,具体在房间内设计几个电话、电视插座,可以参照"建设大纲"、"设

计导则"的规定，或者根据房屋的市场定位、功能定位，即用户的实际需求来设计。而对于一座智能小区的设计者来说，最为重要的是设计选择好上述三大平台，使其真正地实现智能化系统集成。

智能小区建设需要政府支持，国家对智能小区的建设十分重视，建设部先后于1999年4月和12月分别两次下发《全国住宅小区智能化技术示范工程工作大纲》和《全国住宅小区智能化系统示范工程建设要点与技术导则》，对智能小区建设进行规范指导。建设部还于1998年10月和1999年4月分别下发《关于建立建筑智能化系统工程和系统集成专项资质及开展试点工作的通知》和《关于印发建设部建筑设计院等单位建筑智能化系统专项工程设计资质（试点）及有关问题意见的通知》，对智能建筑市场进行进一步的规范。国家建设部甚至下文制定出评定一星、二星、三星级的标准，2000年出台的《全国住宅小区智能化系统示范工程建设要点与技术导则》，可见用心良苦，政府给了智能小区建设最大的支持。

但是由于智能小区建设是把诸多与人们生活相关的事情都集成在一个智能化系统中，势必与传统的行业条条管理发生矛盾。比如智能小区建设希望能够按统一规划实现小区的"三表出户"，解决好住户的用电、水费和煤气费的自动计量和收费问题，这与传统行业收费和行政管理不协调。再比如智能小区建设希望能够实现小区的"三网合一"，把小区的电话通信网、有线电视网和计算机网统一在一起，并实现更高层次上的服务，比如"电子商务"、"VOD点播"等，但是这些需要得到传统行业管理部门的认可。根据笔者这几年的实践，推进智能小区的智能化系统建设已经不存在大的技术方面障碍，最大的障碍恰恰是来自政府的有关行业管理部门。这其中开发商和设计工作者的苦衷是有目共睹的。笔者曾遭遇过一个经济性、技术性都非常好的"两网合一"方案，由于得不到有线电视部门的认可被冠冕堂皇地封杀。建议政府能够有一个在更高层次上的协调法规出台，包括调整收费标准，减轻开发商的负担。

智能住宅、小区在国外历经了20世纪80年代初的住宅电子化、80年代中的住宅自动化到90年代美国的"智慧屋"（WISE HOME）、欧洲的"聪明屋"（SMART HOME）的住宅智能化这样三个阶段，技术体系较为成熟。因此，我们需要多向发达国家取取经，所谓"师夷长技以自强"，赶上并超过发达国家智能小区方面的技术成就，这样才能更好地发展中国的智能化小区，使民众有个更温馨舒适的居住环境，当然这也正是智能化小区所兴起的最高目标和宗旨。

目前各地房地产开发商对智能小区建设的青睐是有其深刻的市场因素的，智能化住宅和智能小区建设市场的火爆是一种市场行为，必将进一步被市场所认同。政府的正确引导将有利于智能小区的建设规范化和科学化。市场是一把双刃剑，它会自动砍掉那些走火入魔的、不适合中国国情的智能化住宅。笔者认为大力推进智能小区的建设比较符合中国国情，一方面可以节省土地，另一方面便于加强城市规划和管理。作为一个智能建筑设计工作者，目前最迫切的任务是如何使智能小区设计的功能设定恰到好处、技术路线恰当其分，使智能住宅产品得到市场的最大认同。让我们迎接我国的智能化住宅和智能小区建设春天的到来！

第三节 智能系统在小区中的应用

一、视得安罗格朗Axolute智能家居案例

Bticino智能家居系统集系统、结构、服务、管理控制于一体，利用先进的SCS-BUS通信技术，电力自动化技术、无线技术，将居家生活有关的各设备有机地结合起来，通过SCS-BUS总线及计算机网络综合管理家中设备，来创造一个优质、舒适、安全、便利、节能、环保的居住生活环境空间。

Bticino智能家居在保持了传统居住功能的基础上，优化了人们的生活方式和居住环境，帮助人们有效地安排时间，节约能源，实现了家电（如DVD、空调、热水器）控制，照明控制、室内遥控、窗帘遥控、防盗报警、对讲及温度定时控制等，提供了全方位的信息交换功能。

（一）系统构成

别墅智能系统构成：灯光控制子系统、窗帘控制子系统、温度控制子系统、背景音乐子系统、对讲控制子系统、安全报警子系统、远程网络通信子系统等。

（二）系统特点

（1）整个系统只需一条scs—bus双绞线，没有大量的电缆附设和繁杂的控制设计。

（2）执行器模块安装在固有的强电箱内，可与微型断路器同装于照明箱中。

（3）现场控制器只需一条scs—bus双绞线进行连接，采用27V安全低电压供电方式，安全可靠，操作方便。

（4）功能修改、控制修改方便灵活，只需做小的程序调整，不必现场重新布线就可以实现。节约能源，提高效率。通过时钟，自动控制设定，自动运行到最佳状态，合理节约能源，方便管理和维护。

（5）所有执行器模块均为模数化产品，采用标准35mm导轨安装方式。

（6）所有现场控制器及移动感应器均采用墙装方式，施工简单，并且不同的面板及移动感应器可随时互换，控制功能变更方便。

（7）基本执行器模块安装体积小，可安装在照明箱中，无须定制特殊箱体，尤其适合于别墅安装空间小的环境。

（8）场景模块（F420）可现场记忆场景，随时可对场景控制效果进行调整。

（三）别墅主要控制区域的产品配置及实施特点

1. 主卧配置

晚上休息，躺在床上轻触安装在床头的"休息"场景后，卧室的窗帘自动关上，吊灯关闭，装饰灯会在10分钟后自动关闭。一夜好眠。清晨，音乐闹钟自动响起，电动窗帘缓缓打开，阳光从侧窗入室。

（1）舒适：

①配置两路控制器H4652/2，执行器F411/2，实现本地控制两路灯光或窗帘。

②配置控制器H4651/2，调光模块F414。

③配置背景音乐壁挂式扬声器1对L4567，控制器H4562（可随时播放喜欢的曲目）。

④配置移动感应器及主动探测器HC4611，控制器H4651/2（可根据人的走动控制灯光的开/关）。

⑤配置LCD触摸屏H4684一个（可显示或控制设备的状态，如客房窗帘的开关等）。

（2）节能

可增加的系统：配置温度传感器（带微调）HC4692FAN，可调节室内当前温度±3℃、风速调节、防冻或关闭模式。控制风机盘管等设备（自动调节温度，启动场景模式）。

（3）通信

配置可视对讲室内分机Video display（接受对讲主机的呼叫，与其他对讲室内分机内部对讲，也可启动场景，控制背景音乐和调节室内温度，你还可以在分机上观察到别墅外的图像）。

（4）安全

配置报警模块349416，可监测8个独立的区域，1个紧急报警区域，可并接多个紧急报警按钮（当出现报警或紧急按钮被按下时，报警模块发出报警信号通知主人或物业）。可增加的系统：配置窗磁、门磁、玻璃破碎探测器、光学式烟雾探测器、溢水探测器及紧急按钮。

2. 厨房配置

让做饭成为一种享受。自动调节的温度让"香汗淋漓"成为过去式，适宜的温度、美妙的音乐，你可以在家一边做饭，一边通过室内分机观察到孩子在室外的花园玩耍的情况。

（1）舒适

①配置两路控制器H4652/2，实现本地控制两路灯光或窗帘。

②配置控制器H4651/2，调光模块F414。

③配置背景音乐壁挂式扬声器1对L4567，控制器H4562（可随时播放喜欢的曲目）。

（2）通信

配置可视对讲室内分机Video display（接受对讲主机的呼叫，与其他对讲室内分机内部对讲，也可启动场景，控制背景音乐和调节室内温度）。

（3）节能

可增加的系统：配置温度传感器（带微调）HC4692FAN，可调节室内当前温度 ±3℃、风速调节、防冻或关闭模式。控制风机盘管等设备自动调节温度、启动场景模式。

（4）安全

可增加的系统：配置窗磁、玻璃破碎探测器、光学式烟雾探测器、溢水探测器。

3. 餐厅配置

采用了多通道背景音乐技术，每个房间相互独立，想听什么就听什么。

（1）舒适

①配置两路控制器H4652/2，实现本地控制两路灯光或窗帘。

②配置控制器H4651/2，调光模块F414。

③配置背景音乐壁挂式扬声器1对L4567，控制器H4562（可

随时播放喜欢的曲目，如选择CD、收音机、MP3等音源，因采用了多通道背景音乐技术，每个房间相互独立，想听什么就听什么）。

（2）节能

可增加的系统：配置温度传感器（带微调）HC4692FAN，可调节室内当前温度 ±3℃、风速调节、防冻或关闭模式。控制风机盘管等设备（自动调节温度，启动场景模式）。

（3）安全

可增加的系统：配置窗磁、玻璃破碎探测器。

4. 客厅配置

聚会、生日晚宴、在家都可以搞定。客人到齐后，主人按下安装在客厅中"晚会"场景，或通过红外遥控器，开启"晚会"场景，客厅中的背景音乐切换到CD，优美的音乐响起，客厅的所有灯光全部打开，窗帘自动打开。当人们插上生日蜡烛时，定时场景会自动将客厅的主灯关上，装饰灯打开，音乐的音量减弱到10%，窗帘自动收起。

（1）舒适

①配置两路控制器H4652/2，实现本地控制两路灯光或窗帘。

②配置红外遥控接收器HC4654，无线控制灯光、窗帘或场景。

（2）通信

配置可视对讲室内分机Video station（接受对讲主机的呼叫，开启楼梯灯，与其他对讲室内分机内部对讲，也可启动场景，控制背景音乐和调节室内温度）。

（3）安全

可增加的系统：配置窗磁、玻璃破碎探测器。

（4）节能

可增加的系统：配置温度传感器（带微调）HC4692FAN，可调节室内当前温度 ±3℃、风速调节、防冻或关闭模式。控制风机盘管等设备（自动调节温度，启动场景模式）。

5. 视听室配置

在视听室的门口设定了"电影"、"音乐"、"休息"、"离开"模式。选择好合适的影片后，轻触"电影"场景，DVD启动电源，并切换到影片播放状态；投影幕缓缓放下到合适位置；投影仪启动，并切换到放映状态；房间的主灯关闭，前排两盏射灯打开；电动窗帘自动被关上。如果有配置温度控制系统，此时温度也会自动调节，创建合适的"电影"场景。一场电影结束后，轻触"休息"场景，DVD、投影仪关闭，投影幕缓缓收起，电动窗帘打开。

还有"音乐"、"离开"场景等都可以通过预设来实现，对灯光、窗帘、音乐、空调的控制，所有预设只需要一个按钮就可以实现。同时以上的操作也可以通过红外遥控操作实现。

（1）舒适

①配置两路控制器H4652/2，执行器F411/2，实现本地控制两路灯光或窗帘。

②配置F411/2，设定PL1=PL2（投影幕布控制模块）。

③配置控制器H4651/2，调光模块F414。

④配置多通道A/V混合器、音源接口（带红外）L4561，控制器H4651/2，场景模块F420，使灯光场景和A/V场景的控制有机结

合起来。

（2）安全

可增加的系统：配置窗磁、玻璃破碎探测器。

（3）节能

可增加的系统：配置温度传感器（带微调）HC4692FAN，可调节室内当前温度 ±3℃、风速调节、防冻或关闭模式。控制风机盘管等设备（自动调节温度，启动场景模式）。

6. 花园配置

假如您在办公室或外出度假，进入互联网，可关闭出门忘记关的灯光和窗帘，通过监控系统的摄像头，监看室内的情况。开启"离家"模式，如每天晚上，灯光会定时开启，花园的喷灌系统照常浇花。

配置灯光执行器F411/1（阻性负载3500W，白炽灯负载2300W，节能灯1000W），采用触摸屏定时与红外感应配合的方式进行灯光控制，当到傍晚6点时，定时自动打开灯光。

二、Axolute智能家居DIY方案

Bticino智能家居系统的Axolute产品系列是以住宅为平台，集系统、结构、服务、管理、控制于一体，利用先进的BUS通信技术、电力自动化技术、无线技术，将与居家生活有关的各种设备有机地结合起来，通过BUS总线及计算机网络综合管理家中设备，来创造一个优质、舒适、安全、便利、节能、环保的居住生活环境空间。

Axolute智能家居在保持了传统居住功能的基础上，优化了人们的生活方式和居住环境，帮助人们有效地安排时间、节约能源，实现了家电（如空调、热水器等）控制、照明控制、室内遥控、窗帘自控、防盗报警、对讲及温度定时控制等，提供了全方位的信息交换功能。

（一）系统特点

Bticino的Axolute智能家居在舒适、安全、节能及通信上提供的一切系统解决方案都能共享传输信息的相同途径，因此它们很容易结合起来，最大限度地发挥其合力，满足智能时代的各种需求。在满足智能功能的前提下，选用技术经济合理的设计方案，尽可能降低造价。

设备安装采用了弱电控制强电的方式，所有需要控制的灯光、窗帘、背景音乐及空调控制线等负载设备，统一拉线到智能家居220V的弱电箱，在弱电箱内有相应的执行器与之连接。每个控制器和执行器根据需要实现功能配置器和地址配置器进行工作模式的设置，也可通过电脑进行设置。控制器为模块化结构，可根据不同的装修风格选择不同材质的面板。

（二）DIY设计方案

1. 需求分析（豪华享受型）

针对独立的3层别墅，要求一套完整的智能家居；包括所有房间的灯光控制、机电控制、温度控制、音乐控制、报警控制、门禁控制、网络控制。

2. 子系统器材选择及控制方式

子系统及器材选择：

（1）照明系统：灯光控制器（器材型号：H4652/2）、灯光执行器（器材型号：F411/4）；

（2）电动窗帘系统：窗帘控制器（器材型号：H4651/2）、窗帘执行器（器材型号：F411/2）；

（3）背景音乐系统：扬声器（器材型号：L4566）、功放模块（器材型号：H4562）、音源接口（器材型号：L4561）、音视频混合器（器材型号：F441M）；

（4）温度系统：温度传感器（器材型号：HC4692FAN）、温度执行器（器材型号：F430/4）、温度控制中心（器材型号：3550）；

（5）报警系统：报警模块（器材型号：349416）、瓦斯探测器、红外感应器；

（6）可视对讲系统：SFERA门口主机、室内分机（器材型号：349310）、电源（器材型号：346000）；

（7）场景：场景模块（器材型号：F420）、场景控制器（器材型号：HC4680）。

器材选择：电源模块E46ADCN，电源模块346000，线材L4669，总线接口F422。

控制方式：

（1）远程网络控制：远程控制服务器（器材型号：F453AV）；

（2）气候传感联动：转换接口（器材型号：3477）；

（3）触摸屏控制：15'触摸屏（器材型号：H4687）；

（4）普通控制：控制器（器材型号：HS4653/3）。

（三）方案特点

系统结构如图5-8所示。

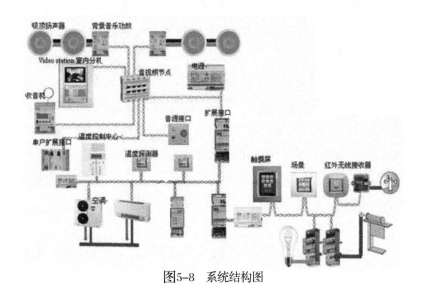

图5-8 系统结构图

1. 客厅

完成灯光、电动窗帘、风机盘管、背景控制，此为主人会客的主要场所，根据会客的不同需要可进行场景设置，如通过一键同时完成灯光开闭、窗帘的开合等。以营造不同的环境氛围，并能根据主人的个性化需求随意在面板上修改设定不同设备的状态并进行记忆。同时可以通过遥控器轻松进行遥控。

通过场景面板实现该区域灯光、电动窗、温度等一体化智能控制。对客厅设定几种场景模式，只需按下一个按键，灯光/开关、调光/亮度值都在一瞬间调整到适当的状态，从而实现灯光场景与现场需要的完美结合，例如：①舒适模式：打开客厅的主要灯光设备，调光灯调至60%；②全开模式：打开客厅的主要灯光设备及辅助灯光设备，调光灯调到80%；③休息模式：关闭主要

灯光设备，调光灯调到45％，打开辅助灯光设备。④面板上带有按键背景灯且有标示简单易懂的指示插条，方便使用操作。

2. 餐厅

在餐厅门口安装一个场景面板，此面板可控制餐厅灯光，并且可以设置就餐场景模式，例如：①聚餐模式：打开主要灯源，关闭辅助灯源，将调光灯调到90％；②舒适模式：关闭主要灯源，打开辅助灯源，将调光灯调到60％；③休息模式：关闭主要灯源，打开辅助灯源，将调光灯调到20％。通过一键就可以达到就餐场景模式使就餐更具有与众不同的高雅。

3. 主卧室

进行灯光、电动窗帘的控制。灯光可以进行组合控制，可以对电动窗帘进行控制，并可进行场景变化，方便主人休憩，在门口安装有场景面板，该面板可进行遥控控制灯光、电动窗帘等。同时可设置夜起喝水灯光模式等，主人仅需按此模式自动打开从卧室到厨房经过的灯光，喝水后回到床上时灯光自动关闭。①舒适模式：关闭主要灯光设备，调光自动下调到30％，电动窗自动关闭；②休息模式：打开辅助照明，调光照明自动开启到20％，窗帘关闭；③全开模式：打开主要及辅助灯光，电动窗帘打开；④起夜模式：打开从卧室到卫生间或厨房经过的灯光。

4. 智能家庭影院

本功能中主要实现该区域如下控制：灯光、投影幕布、温度等控制，并可以配合家庭影院系统实现对AV设备的联动控制。设置多功能场景面板，完成该区域的灯光开闭、调光、投影幕布、投影机等一体化控制，与家庭影院系统配合，实现各种场景控制，电气设备可通过遥控器进行遥控。①全开/全闭模式：打开主要灯源，将调光灯调到90％，打开幕布，打开家庭影院控制柜电源。②放映模式：关闭主要灯源，打开辅助灯源，将调光灯调到20％，打开投影机、音响设备。③舒适模式：打开辅助灯源，将调光灯调到60％，打开家庭影院音响设备。④休息模式：打开辅助灯源，将调光灯调到30％。

在家庭影院环境下，对灯光、幕布、投影、音响进行集中控制，充分享受现代科技带来的视听效果。设置影视设备控制器，该控制器可以自学各种电器设备遥控器，完成投影机、DVD、功放、灯光、电动幕布等控制，实现家庭影院中设备的一体化和联动场景控制。

5. 过道楼梯

过道楼梯灯光可以在多个房间里或多个位置进行控制。同时可设定延迟关闭功能，业主在任何一个地方打开走道楼梯灯光，走过一段时间后可自动关闭。在门厅、车库及楼梯口设置移动探测器，可以自动监测，有人移动时点亮设置的灯光，无人时自动关闭，门厅灯光也可以和门禁系统进行联动。该移动探测具有光感测功能，可进行光照度预设，当达到设定照度，感测器感测自动关闭，当低于设定值时自动开始工作。

6. 遥控控制

业主通过手持遥控器可以对家中任何一个场所的灯光、电动窗帘进行遥控控制，可以开关空调，也可以对温度进行调节。遥控器可以编写场景，对场景进行预设，并能对场景进行切换。该遥控器可以对15米距离的控制面板进行遥控。

7. 风机控制

考虑空调机组系统之间的一定逻辑控制关系，通过总线模块

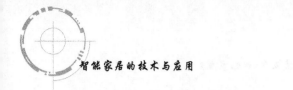

输出若干触点信号来控制整个空调机组系统的运行。可以对空调进行温度模式的切换，如舒适模式、节能模式等。别墅内配置的触摸屏控制系统可以对风机盘管进行集中控制，对不同区域的空调开启时间进行监测，达到全程自动节能效果。

第六章 智能家居系统在家庭中的应用

第一节　智能家居中的系统组成

　　智能家居控制系统的体系组成与家庭安全防范系统一样，都是以家庭网络为通信基础而与智能家居其他部分进行交互，但与之相比，家居控制系统的结构较为松散。在严格的意义上，如果将家庭安防传感（探测）器作为一种家庭设备的话，家庭安防系统实质上就是家居控制系统的一个特定功能子系统。

　　根据系统的工作流程和实现得到的一个家居控制系统的体系结构图，如下图6-1所示。

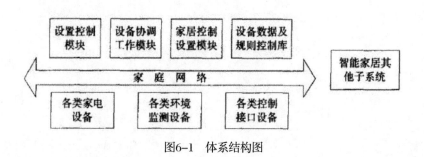

图6-1　体系结构图

一、家电设备

　　各类家庭电器设备，通过与家庭网络的接口发送各类状态信息和接收各类操作指令。

二、环境监测设备

用于监测家庭环境情况，如光线、温度、湿度等，并将这些信息发送到控制接口模块中。

三、控制接口设备

这里主要指各类手持设备和控制开关，用户通过它们来发送各类家电设备的控制指令，控制指令对应的控制对象和控制内容通过控制规则库来约定。

四、设备数据及控制规则库

用于记录设备的状态信息、运行日志及各类控制规则。这些控制规则主要包括各类电器运行的规则和协同工作的各种约定规则、各类场景模式的具体设置以及各类控制接口设备与其相关联的控制操作。通过控制规则库中的约定，使得住户方便地将手持设备和控制开关关联到家庭中任一家电设备，如通过遥控器和相应的接收模块，可以在任一房间对其他房间的设备进行控制；将卧室里的按钮关联到其他房间的照明系统，在卧室开关其他房间的照明设备。这些信息往往由专门的数据库系统实现。智能家居系统通过数据库系统提供的接口来进行访问。控制规则库的更新由家居控制设置模块完成。

五、智能家居控制设置模块主要完成两部分的工作

一是接收家庭网络中各类家居控制的设置请求，根据请求设置接口控制设备的控制规则，即将控制接口设备与其控制家庭电器设备相关联，设置具体的操作方法，更新相应控制规则库。例如通过设置遥控器和相关的开关按钮所关联的控制规则，可以使住户方便、快捷地控制各类家庭设备。二是提供场景模式设置接口，方便住户设置各类场景模式和设置各类家庭设备的控制逻辑

规则，同时根据新加入设备所提供的信息自行更新各项规则。

六、设备控制模块

主要用于控制家电设备的运行，主要实现以下功能：根据接收的家庭环境信息和设置的条件，判断是否自动启停家电设备；接收来自家庭网络发送的对各类设备的控制请求（包括本地和异地的），对这些请求进行分析处理，对请求进行合法性验证；对以上的合法请求，向相应的家电设备发送控制命令。

七、设备协同工作模块

监测家庭内各类家电设备的运行状态，根据当前家电设备的运行状态和当前场景模式，向设备控制模块发送各类设备控制命令，协同家电设备之间的工作。随着信息家电的发展，家电设备的智能化程度越来越高，家电设备之间的协调和启停控制中的许多内容逐步由家电设备本身来实现。

第二节　智能家居控制功能及方式

一、控制功能

（一）遥控功能

不论在家里的哪个房间，用一个遥控器便可控制家中所有的照明、窗帘、空调、音响等电器。例如，看电视时，不用因开关灯和拉窗帘而错过关键的剧情；卫生间的换气扇没关，按一下遥控器就可以了。遥控灯光时可以调亮度，遥控音响时可以调音量，遥控拉帘或卷帘时，可以调行程，遥控百叶帘时可以调角度。

（二）集中控制功能

使用集中控制器，不必专门布线，只要将插头插在220V电源插座上，就可控制家里所有的灯光和电器，一般放在床头和客厅。可以在家里不同的房间有多个集中控制器。躺在床上，就可控制卧室的窗帘、灯光、音响及全家的电器。

（三）感应开关功能

在卫生间、壁橱装感应开关，有人灯开、无人灯灭。

（四）网络开关的网络功能

一个开关可以控制整个网络，整个网络也可以控制任意一个（组）灯或电器。其控制对象可以任意设置和改变，轻松实现全开全关，场景设置，多控开关等复杂的网络操作功能。门厅的T型网络开关可设成全开全关键；出门时不必每个房间检查一遍，只要按一个键就可以将所有的灯和电器关闭，需要时也可按一个键打开所有的灯。客厅的T型网络开关可设成场景设置键，按一个键开一组灯，不必逐一打开。也可配合全宅音响、空调、窗帘等进行复杂的场景设置。T型网络开关也是可变开关，它的控制对象可以随意设置，今天是窗帘的开关，明天可以将它设为音响的开关。同时T型网络开关还是多控开关，传统开关最多只能在两处实现对同一对象的控制（双控开关），使用T型网络开关，可以在任意多处对同一对象进行控制。

（五）网络开关的本地控制功能

所有的灯和电器都可使用墙上的网络开关进行本地开关控制；既实现了智能化，又考虑到多数人在墙上找开关的习惯。开

灯时，灯光由暗渐渐变亮，关灯时，灯光由亮渐渐变暗，避免亮度的突然变化刺激眼睛，给眼睛一个缓冲，保护人眼；避免大电流和高温的突变对灯丝的冲击，保护灯泡，延长使用寿命；无论通过遥控还是本地开关均可调光，网络开关能够记忆设定好亮度，下次开灯时自动恢复。

（六）电话远程控制功能

电话应答机将家里和外界连成了网络，在任何地方，都可以使用电话远程控制家中的电器产品，例如，开启空调、关闭热水器，甚至在度假时，将家中的灯或窗帘打开和关闭，让外人觉得家中有人。电话应答机本身也是一个8位的集中控制器，放在床头柜上，只要将插头插在220V电源插座上，就可以在床上控制家里所有的灯光、电器和窗帘等，也有调光功能。

（七）网络型空调及红外线控制功能

网络型空调控制器将空调的控制连到整个网络中来，可以使用电话来远程控制空调，也可以使用无线遥控器在楼下将楼上的空调启动和关闭，集中控制器、定时控制器、网络开关、无线感应开关等等也都可以控制空调了。

（八）网络型窗帘控制功能

网络型窗帘控制器将窗帘的控制连到整个网络中来，控制拉帘或卷帘时，可以调行程，控制百页帘时可以调角度。不仅可以使用本地开关来控制窗帘，还可以使用电话来远程控制窗帘，也可以使用无线遥控器在楼下将楼上的窗帘打开和关闭，集中控制器、定时控制器、网络开关、无线感应开关等也都可以控制窗帘了。

（九）可编程定时控制功能

定时控制器可以对家中的固定事件进行编程，例如，定时开关窗帘、定时开关热水器等，电视、音响、照明、喂宠物等均可设定时控制。定时控制器（本身也是一个8位的集中控制器，放在床头柜上，只要将插头插在220V电源插座上，就可以在床上控制家里所有的灯光、电器和窗帘等等，也有调光功能。）同时它还有时间显示和闹表的功能。

（十）多功能遥控器功能

六合一多功能遥控器集六种遥控功能于一身，首先它是无线遥控器，可以控制家中的照明、窗帘、空调等系统。同时它也是红外遥控器，内置了许多品牌的电视、音响、VCD等红外控制指令集。还可以学习两种红外线遥控器的控制功能。放在客厅的茶几上，看电视或听音响时，一个遥控器就可以非常方便地遥控所有的设备。

（十一）无线感应探头功能

可随意摆放，能控制任意的电器，例如大门口外，当有人来时，它可以触发自动门铃，也可以将灯开启，甚至可以开音响、热水器等。放在阳台上，可以知道是否有人从阳台非法闯入。

（十二）智能家居的其他主要功能

1. 网上服务

不出家门，您便可实现各种网上服务：

网上购物——在家中的电脑前轻轻一按，商品按时送来；

远程教学——孩子不用出门，就可得到最好的老师教学；

远程医疗——病人不用出门，就可得到专家的会诊。

2. 自动抄表

无须人工入户查表记录，电表、冷水表、热水表、煤气等计量表可自动传送。

3. 可视对讲

住户与访客、访客与物业中心、住户与物业中心均可进行可视或语音对话，从而保证了对外来人员进入的控制。

4. 供电管理

为所有的灯光电器提供一个有效的控制手段，例如您可以在出门前（或睡前）按一个按钮关掉所有灯光电器，而在回家入门（或早晨起床）后按另一个按钮便可恢复之前的供电，非常简单。事实上，您可以在任何地方，任何时候控制您的灯光电器，例如在全家出外旅行时，亦可通过电话遥控您的家居。

5. 场景统一管理

根据个人喜好，对所有联网设备自定义场景设置，轻按一键，就可以使得多种联网设备进入预设的场景状态。您可以设计一系列的场景，例如"回家"、"离家"、"娱乐"、"会客"等，使您的生活更高效、更方便。

6. 照明控制系统

对灯光进行开闭和调光控制，可指定任何一个开关的控制对象（任何位置的一盏或多盏灯）；并且根据不同的情景，做出相应的调整，并且根据不同的情景，做出相应的调整，例如，欣赏影片时，自动调暗灯光。

7. 室内无线/红外遥控

通过手持遥控器，可以方便地管理家中所有的联网设备，即将推出无线射频遥控器，使操作不再有方向性和距离的限制。

例如，在客厅通过红外遥控位于主卧室的空调，打开厨房的灯光等，使您的生活更加舒服。

8. 电话远程控制

在任意地方，您都可以通过电话或手机对家庭网络上的各种电器设备进行远程遥控。在家中发生紧急情况时，智能电话模块还可以拨打您的电话或手机送出报警语音。

9. 日程管理系统

您可以设定网络上各种设备按照预设的时间来进行工作，并可以设定动作执行的循环周期。例如，您可以设定每天早晨7：00，系统自动打开卧室灯光、拉开窗帘、控制CD机自动播放音乐……

10. 家居安全防范

该系统主要由以下检测装置或传感器等组成：人体移动侦测器或微波加被动红外探测器、煤气泄漏检测器、烟雾检测器、声光报警器、门窗磁开关报警装置、幕帘式双元红外探头、全自动人体红外线感应开关、紧急报警按钮等等。

当系统处于警戒状态时，全屋便被电子系统保护起来，任何企图的入侵都会触发报警装置，警号随即响起，全家的灯光亦可同时闪烁，造成一个有效的惊吓效果。同时电话报警器亦会实时运作，按预先设定的号码自动拨出电话给屋主及警卫、保安机构报告有关情况，甚至可以通过视频系统发送彩信图片到您的手机上。

11. 语音控制功能

通过先进的语音识别技术，您可以通过身上佩戴的无线麦克风发出语音控制命令，对全家的联网设备进行控制。系统如同您

忠实的仆人，可以与您对话，代替您完成相关复杂的操作。

12. INTERNET远程遥控

在世界的任何一个角落，您都可以登录互联网，通过Web浏览器对家中所有联网设备进行直观的远程控制和状态查询。

13. 网络视频监控

通过INTERNET，您可以实时监控家中各房间的状况。例如，您可以通过因特网看到家中的孩子是否已经安然入睡……

第三节 智能家居智能化改进分析

一、行业现状分析及改进

这两年来，智能家居平台不断开放，私人生活环境互联互通也在逐渐实现，不论是苹果的Home Kit，或是谷歌的Nest，或是各大传统家具制造商，都在加紧步伐争夺市场。在智能家电、安全报警系统、能源设备、智能恒温器、家居照明环境，乃至物联网协议等领域的竞争都十分激烈。

国内主要的智能家居品牌主要有海尔、美的、东软载波、安居宝、上海索博、广东河东HDL、广东聚晖电子。其中，海尔的定位普遍偏高，普通家庭普及难度大；美的进入市场较晚，智能家居品牌知名度一般；安居宝产品线较为单一，公司规模较小；而广东河东HDL和聚晖电子产品均局限在智能控制方面，整体方案未成熟；东软载波打通上游和中游环节，整合能力较强；小米和新浪也在积极切入智能控制中心和移动终端应用程序环节。

至于智能家居的市场规模，有数据分析显示：2014年，智能家居的市场规模达到了3亿元；而2015年，这一数字已达到48亿元，预计到2016年、2017年市场规模复合增长率将超过20%，市场规模将达到80亿元。智能家居产业链可以分为上中下游：其中上游为芯片和传感器等零部件生产商，中游为智能控制终端产品环节，下游则为移动通信终端应用程序环节。①上游：芯片为核心环节，产业价值中等。芯片环节是智能家居行业的最核心环节，芯片直接反映了技术路线特点和产品性能。据了解，智能家居主流无线通信技术方案主要有电力线载波通信、Zigbee、Z-Wave三种。②中游：产业价值最小，但厂商占市场大半份额。智能家居中游环节包括智能控制终端产品环节和智能控制中心环节。该环节的竞争焦点是能够掌握智能互联终端产品的核心技术，快速推出多样化的系列终端产品，产品系列化和低成本竞争是该环节发展的着眼点。该环节是互联网类公司竞争的焦点，其核心思想是通过掌握智能家庭网关，实现对互联网交互入口的掌控，是另一种形式的"互联网入口之争"。③下游：家电网络化产业价值最大。目前国内还没有成熟的商业模式，这是智能家居"不接地气"的一个重要原因。该环节是最终体现的用户接口，所有智能家居信息最终将通过智能手机上的应用程序将家居信息进行集成并可视化提供给用户，从而实现24小时实时监控和智能控制。该环节互联网公司具备程序开发和平台优势。

随着物联网进一步火热，消费者认知进一步提高，技术进一步成熟，智能家居完全可以进入寻常百姓家。智能家居未来无限美好，但是目前需要面临的难点也不少，这是企业需要直面的

問題。

（1）行业缺乏规范标准。我国智能家居行业较发达国家而言起步较晚，目前仍未能出台智能家居相关行业标准，直接影响了智能家居市场。这就导致市场上出现众多不相兼容的产品标准，给消费者、厂商、行业的健康发展都带来危害。

（2）技术发展并未成熟。目前智能家居企业生产的多是关于安防、声控、灯控等一些基础产品，很少具有整套系统和产品的集成厂商，导致市场产品单一化，趋同性明显，家居的操作不够人性化，系统升级不便等问题也是智能家居的技术发展障碍。

（3）山寨产品充斥市场。一些低技术含量、低质量的山寨产品充斥我国智能家居市场，扰乱了消费者判断和购买能力，致使整个市场非常混乱。

（4）价格偏高。智能家居整体处于初级发展阶段，更多的是出现在高档小区及住宅里，普通家庭无法承受。即便可以承受，住宅小区的硬件设施不匹配也无法安装。

（5）智能家居行业未来发展方向：

（1）智能家居未来发展的核心在安防领域：智能安防成为智能生活系统中不可或缺的一部分，安防企业对民用安防产品的关注，家庭网络摄像机、家用红外报警器、门磁探测器、烟雾报警器、漏水检测器也成为智能家居产品的发展方向。

（2）不断提高产品质量和性能：未来智能家居产品的操作应当简单明了，向"傻瓜式"方向发展，还要提高操作的趣味性等。智能家居也要考虑环保节能的问题，在操作系统中加入节能设备，对耗电进行智能管理等。

（3）保证操作系统个性化：现代消费者的需求越来越趋向

个性化，外观的个性化、操作系统的个性化及产品组合的个性化是大众消费的趋势。

（4）走亲民市场服务路线：亲民不只是价格的降低，更要注重后续的配套服务，安装、操作、维修、升级等一系列服务。

（5）大力的开发智能模块：智能模块是智能家居平台的执行单元和控制末端，它和智能中控系统是一个有机的整体。

二、技术细节分析与改进

物联网智能家居给我们编制了一张如此美丽的蓝图，但是现实的发展却没有想象这般的美好，还有很多现实的深层次的问题值得探讨和研究。

（1）传感终端设备技术需突破。传统的物联网接入技术，如RFID、二维码、传感器技术等需要进一步成熟。从技术稳定性、价格性价比、产品实用性等多方面考虑。此外传感网络与宽带、CDMA等移动网络的融合，也是急需技术研发的方面。

（2）物联网智能家居体系结构需建立。一个行业想要走上良性发展的轨道，必须要建立统一的体系结构标准，这样才能实现各个生产厂家的产品相互兼容，也才能健康持续的发展。但是在现阶段，短时间内还无法制定统一的标准，还需时日加以等待。

（3）商业产业链待成熟。物联网智能家居现在处于起步阶段，产品大规模批量化生产还需要时间，随之带来的就是产品成本相对较高。在中国只有少部分用于试点研究安装，真正用于生活的还不多见。所以在这个时候更加需要成熟的商业产业链推动其发展，使其能够在市场中找到相应的位置。同时政府也应该出台相应的扶持政策，催化推动物联网智能家居的可持续发展。

基于上述分析，为了物联网更好地发展，提出如下对策和建议。

①加强前瞻研究，做好物联网战略规划、产业政策从国家战略规划层面对物联网产业的指导思想、发展方向、重点领域、关键技术等做出界定和规划，以及如何部署人、财、物等资源。我国发展物联网，总体战略就是以技术创新带动产业发展。跟踪国际物联网产业和技术发展趋势，加强物联网前沿技术的研究。科学规划，做好顶层设计，满足产业发展需要。重点谋划未来发展，着手制定物联网产业和技术发展中长期规划纲要。全面布局，区域之间物联网发展要避免同质竞争，要形成错位、差异化和互补发展。制定产业政策和后续配套政策，对物联网产业给以政策扶持、指导和促进。建议国家成立一个跨部门物联网联合领导小组，规划指导、协调和处理各方面问题。

②核心技术攻关和突破，加强自主研发，实现技术创新。要加快研发、突破和掌握一批物联网核心关键技术。重点发展高端传感器、智能传感器、传感器网关、超高频RFID、终端设备和软件中间件等。在国家科技计划、国家重大科技专项中，重点支持物联网共性关键技术、行业应用关键技术、系统集成技术和标准规范等方面研究，加大科研资金投入，早日形成一批具有自主知识产权的物联网核心技术和产品。

③加快物联网国内、国际标准制定工作，组建中国物联网标准联合工作组，协调、整合国内相关标准组织力量，加快制定和健全符合我国发展需求的各类物联网技术标准，构建开放架构的物联网标准体系。促进与国际同行开放交流、合作互赢，积极参与国际标准提案工作，力争主导制定物联网国际标准，以掌握产

业发展的主动权，提升我国在物联网领域的国际竞争力。总之，坚持国内标准和国际标准同步推进和兼顾的原则。

④开创物联网商业模式，在突破关键共性技术的同时，研发和推广应用技术，以应用技术带动产业的发展模式，消除制约物联网规模发展的瓶颈。加强行业和领域物联网技术解决方案的研发和公共服务平台建设。在国民经济重点行业和公众服务等领域形成物联网的规模性应用，推动典型物联网应用示范工程和产业基地，如智能交通、智能电网、物流、远程医疗等领域的示范。通过应用引导和技术研发的互动式发展，带动物联网产业链良性循环发展。深度开发传感网的信息资源，提升物联网的应用过程产业链的整体价值。在物联网发展初期，政府为公共服务买单，启动一批典型应用工程，激发和引导物联网的应用需求，除了政府推动外，市场主体要开拓符合国情的物联网商业模式。也就是说，物联网产业要良性发展，必须从政府牵引过渡到市场驱动。

⑤提升物联网安全保障能力，提升物联网网络和重要信息安全防护水平，重点领域和关键应用要安全可控，形成与物联网发展相适应的安全保障能力。加强物联网安全研究，探讨建立物联网安全应用示范。同时，加强保护个人隐私。

三、应用层面分析与改进

基于物联网的智能家居从体系架构上来看，由感知、传输和信息应用三部分组成。感知指家居末端的感应、信息采集以及受控等设备，传输包括家庭内部网络和公共外部网络数据的汇集和传输，信息应用主要是指智能家居应用服务运营商提供的各种业务。物联网智能家居产业链现状如图6-2所示。

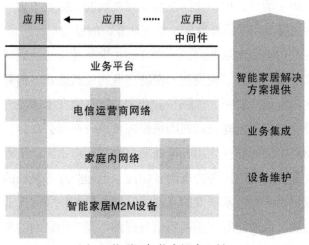

图6-2 物联网智能家居产业链

从上图可以看出，作为物联网重要的应用，智能家居涉及多个领域，相对于其他的物联网应用来说，拥有更广大的用户群和更大的市场空间，同时与其他行业有大量的交叉应用。目前，智能家居应用多是垂直式发展，行业各自发展，无法互联互通，并不能涉及整个智能家居体系架构的各个环节，如家庭安防，主要局限在家庭或小区的局域网内，即使通过电信运营商网络给业主提供彩信、视频等监控和图像采集业务，由于业务没有专用的智能家居业务平台提供，仍然无法实现整个家庭信息化。但也应看到，智能家居已经发展很多年，业务链上各环节，除业务平台外，都已较为成熟，而且均能获得利润，具有各自独立的标准体系。在都有各自的"小天地"但规模相对较小的现状下，要在未来实现规模化发展，还有许多问题亟待解决，如图6-3所示。

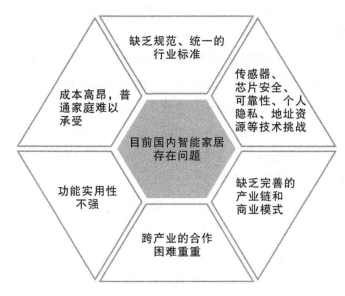

图6-3 存在问题

造成目前智能家居现状的原因是多方面的，包括前期政府扶持不够、资金投入不足、行业壁垒、地方保护，以及智能家居和物联网相关技术短期内不成熟等。当前智能家居推广使用短板如下。

（1）关键技术尚需突破。以二维码、RFID、传感器以及云计算为核心的关键技术的融合应用，传感网络与宽带网络、CDMA 等移动通信网络的融合，这些方面的技术研发还有待深入。目前关键技术的研发力量较分散，需要聚集各方的力量，加快技术研发。

（2）体系架构仍未建立。对于立体化家庭物联网应用服务体系而言，共性平台体系架构的建立是一个关键的环节。由于其涉及众多的行业，而现阶段各行业的应用以闭环应用居多且都有

进入的门槛，因此行业壁垒的突破对体系架构的建立起到了决定性的作用。

（3）缺乏完整的标准体系和成熟的商业模式。完整的标准体系是家庭物联网规模发展的前提，而目前国际上传感网的标准尚在制定之中，相关标准体系的建立仍需要较长的一段时间。另外，家庭物联网产业尚处发展初期，规模经济不够，成本相对较高，整个产业链的上中下游都在寻找一个稳定、可靠的商业模式来推动产业的发展。

（4）政策环境不够完善，共赢模式需做进一步探索。国家相关政策和设施的推动作用有待提高。产业界在发展动向方面还缺乏一定的共识，与IT业发展初期阶段类似，需在国家政策的支持下进一步挖掘产业共赢的模式。针对这些难点，中国智能家居应充分发挥自身在产业链中的优势，在整合产业的技术资源、建立完善的共享机制的同时，推动标准化工作，挖掘合适的商业模式，促进产业健康发展，最终达到产业共赢、服务社会的目标。

政府推动示范项目，使拥有一定智能家居技术、行业用户、相关产品、解决方案的厂商企业得到更多资金支持，使用户得到消费补贴等实惠，从而带动物联网技术发展，推动智能家居应用。物联网智能家居系统的可集成性是建立在系统的开放性基础之上的，要求系统所采用的协议必须有广泛的产品支持，并不断加强建立统一的物联网智能家居标准的步伐。要想在未来实现规模化发展，需要出现涉及整个业务链的智能家居业务运营商，提供整个业务链的解决方案、业务集成以及设备维护等，这样才能使得业务链良性发展，进一步促进家庭保险业、服务业、金融业等其他行业以及三网融合的发展。智能家居核心位置企业应研发共用平台，降低中小厂家研发成本和技术门槛；培养专业物联网智能家居服务和技术人才，包括方案、开发、设计、业务支撑等。国家和相关部门和地方政府应大力支持，按"急用先行、采监先行、城市先行和以点带面"原则。针对目前国内智能家居存在的问题有步骤地扎实、积极推进，形成2～3个重点发展区域，强调地域特色并进一步推广；产业链各方应借鉴国际先进研究成果，针对国内实际需求，共同为实现智能家居在国内的跨越式发展而努力。

物联网是信息产业的第三次浪潮。我们要紧紧抓住机遇，依靠企业做大规模。一扇全新的发展之窗已经打开，物联网技术的生根发芽，可为我国的产业转型升级、科技创新竖起一个新的里程碑。面对历史性机遇，我们必须：

（1）制定规划，进而整合电子商务、电子政务、互联网经济、有线无线宽带城域网、数字电视等各类资源，实现"网络建设""技术应用""产业发展"三位一体的物联网经济大格局。

（2）联合有关部门对我市目前从事物联网相关技术研发的企业、科研机构、高等院校的研发、生产、销售情况进行摸底调研，了解我市物联网相关产业的发展规模和技术水平，为进一步出台相关政策做准备。

（3）加大政府对本地企业的扶持力度；鼓励我市企业扩大与国内外主要企业、科研机构和高等院校之间的合作与交流，鼓励引进国内外主要企业、科研机构和高等院校设立技术研发中心，提升我市物联网技术的研发水平。

（4）设立物联网技术研发科技园区，并进一步推动物联网应用示范园区的建设，吸引国内外企业投资，鼓励和引导物联网

技术企业向园区集聚，促进物联网产业规模化、集约化、国际化发展。

（5）设立物联网技术重大科研专项，组织实施一批行业带动作用明显的重大科研项目研究，加快培育拥有自主知识产权和知名品牌、核心竞争力强、主业突出、行业领先的龙头骨干企业，着力引进国际一流的制造和研发机构，促进高技术人才、资金和技术等要素的集中，形成产业集群优势。

（6）设立物联网技术推广应用示范项目，组织一批适用性强、技术先进的科技成果进行推广，特别是拥有的具有自主知识产权、核心竞争力强的科研应用项目，积极推动物联网技术应用整体水平的提高。

（7）设立物联网技术发展引导基金，吸引国内外风投资金，培育一批具有高回报、拥有自主知识产权成果的优质成长物联网技术初创企业。

（8）建议成立物联网发展协会，打造一个企业之间相互交流与沟通的平台以及政府与企业之间沟通的桥梁。

（9）加快引进物联网技术高级人才和技术人员，大力培养物联网产业发展的急需人才，占领科技与经济发展的制高点，建立相关技术人才培养机制。

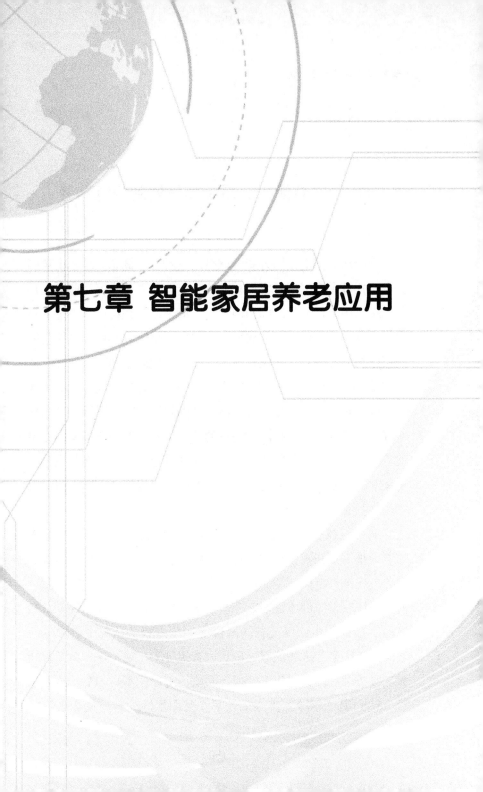

第七章 智能家居养老应用

第一节　智能家居系统如何做到智能养老

智能居家养老是国外新近流行的一种养老概念。最早由英国生命信托基金会提出，它们称其为全智能化老年系统，即老人在日常生活中可以不受时间和地理环境的束缚，在自己家中过上高质量高享受的生活。智能居家养老服务，是家庭亲情和高科技的最新结合，为老年人提供日常生活资讯、健康管理、实时安全监控和精神慰藉等服务。它不同于传统的养老方式，因为它既体现了家庭成员的亲情，也融合了高科技的辅助功能。所以，智能居家养老服务实际上是在远程科技的体系上建立的一个支持家庭温情养老的新型社会化服务体系，是其他养老模式的补充与完善，不仅解决了我国家庭养老资源弱化的问题，也符合中国一向提倡的"孝"文化。

随着科技的进步和社会养老制度的日益完善，中国老年人的养老观念正在潜移默化中发生着巨大改变，人们习惯的传统居家养老逐渐升级为"智能居家养老"，让老人获得正常家庭生活的同时还获得了健康管理支持、安全监控支持和丰富的快乐感知体验。前些年由武汉爱爸妈网侨亚老年人服务研究中心颁发的《2010年度老年人智能养老现状调查报告》反映了这一新型智能养老服务理念。2010年度的报告共获得有效样本4309个。结果显示，达到退休年龄、身边又无子女共同生活的"空巢老人"越来越多，随着老龄化程度的提高，很多子女因留学、工作等多方面原因早早离开父母独立生活，也导致上海的"空巢老人"出现低龄化趋势。在被访"空巢老人"中，绝大部分是与老伴居住或独自居住，只有极少老人有亲戚、保姆等照顾。调查发现，在居家养老、社区型养老以及智能居家养老模式这三种养老方式中，90%的老年人更倾向于智能居家养老，认为智能居家养老更贴心、更温馨、更安全。

一、智能家居养老的独特之处

（一）智能居家养老模式满足多数老年人的需求

现今的家庭越来越呈现出一种小型化的趋势结构，随着人们的生活方式和居住习惯的改变，因家庭结构转型而衍生的工作压力加强和生活节奏过快，使得家庭的养老功能弱化，而一般的养老服务机构受耗资多、投资周期长、推广范围狭窄等因素制约，不可能满足多数老年人在服务需求，急需打造一种能够满足绝大多数老年人的家庭养老服务新格局，这就是智能居家养老服务。

（二）智能居家养老模式符合我国的传统文化习俗

家庭对老年人来说，是一辈子的归宿，所有的安全感，毕生的过往和经历都在这里得到保存。我国一直以来都在弘扬"孝"文化，老年人在希望能够获得日常的看护与服务外，更希望得到家庭亲情的精神需求，智能居家养老服务既能让老年人和家人一同居住，也能够让子女们无须在工作之余担忧老年人的出行安全，满足了老年人对"孝"文化的这种需求。

（三）智能居家养老服务是未来养老体系的最佳选择

据中国老年委的调查数据，老年人消费的医疗卫生资源是其他人群的3~5倍。但目前我国每千名老年人拥有的养老机构床位

数只有11.6张左右，也就是说最多只有1.16%左右的老年人能够到养老机构享受养老服务，而其余98.84%的老年人，不管是情愿还是出于无奈，都必然会在家里养老。这就需要考虑绝大多数老年人的养老服务需求，大力发展智能居家养老服务。

（四）智能居家养老服务实现和谐社会的人性化

关注老年弱势群体，妥善解决老年人养老问题，是同构建社会主义和谐社会的各项工作紧密相连的，让每个家庭的每个老人都能分享社会发展给老年人带来的福利和成果，须大力发展智能居家养老服务，用家庭化的温馨和先进化的技术为老人谋福利，最大限度地提高老年人的生活质量，提升老年人的幸福指数，从而促进家庭和睦，推动整个和谐社会的快速进程。利用物联网（The Internet of Things）技术，通过智能感知、识别技术与普适计算打破了传统思维，使人们最大限度地实现各类传感器和计算网络的实施连接，让老人的日常生活（特别是健康状况和出行安全）能被子女远程查看。所有的血压计、血氧仪都通过无线网关传输到服务器，有专人24小时监测，保证老人的安全。

1. 准公共产品

首先智能居家养老主要是政府扶持，是政府主办的具有非营利性，因而智能居家养老具有非竞争性；其次，社区提供的相关设施，是整个社区老人共享的，又具有非排他性，可见智能居家养老在某些方面是具有准公共产品特征的。

2. 政府主导，参与主体多元化

养老问题在中国是个大问题，必须由政府主导，才能合理有效地运行，但居家养老的其他服务，比如：生活照料、医疗保健、娱乐设施的提供、老人用的先进工具的采纳等，都可以投入到市场当中运行，这样在政府的监督指导下，才能使资源得到合理的优化配置，同时企业、非营利组织和志愿者可以为智能居家养老提供相关方面的支持，可见智能居家养老的参与主体是多元化的。

3. 采用先进的仪器设备和便捷的互联网

为了给老年人提供更加全方位的优质服务，社区服务中心为社区里的老人都提供了先进的仪器，只要佩戴在身上，老人的血糖、体温、血压、脉搏等一些相关数据就会传送到社区服务中心，实现了养老服务中心足不出户就可以得知老年人的一些相关的身体状况，并随时监测老年人的身体变化情况，使老年人的健康安全得到保障；采用先进的互联网设备，使老人与儿女之间、朋友之间、社区服务中心、医院等沟通更加便捷。

二、几种养老模式的优势和比较：

（1）社会福利机构养老，主要适合于孤寡老人或丧偶等情况的老年人，养老的舒适度与养老院的级别息息相关，且养老院的自由度不高，难以保证老年人的安全状况和健康状况。

（2）社区型养老，是对社会福利机构养老模式的加强与升级，社区提供专业的陪护人员，让老年人能够在自己的家里养老，与保姆服务有点类似。

（3）智能居家养老模式，适合绝大多数家庭和老人，是最适合老年人的养老模式，也是全国老龄办一直推崇的家庭养老模式，兼并了上述两种养老模式的优点，让老年人在日常生活中可以不受时间和地理环境的束缚，在自己家中过上高质量、高享受的生活。智能居家养老系统采用电脑技术、无线传输技术等手段，在居家养老设备中植入电子芯片装置，使老年人的日常生活

处于远程监控状态。如果老人走出房屋或摔倒时，智能居家养老系统中的老顽童手表设备能立即通知医护人员或亲属，使老年人能及时得到救助服务；当老年人因饮食不节制、生活不规律而带来各种亚健康隐患时，智智能居家养老设备的服务中心也能第一时间发出警报；智能居家养老设备医疗服务中心会提醒老人准时吃药和平时生活中的各种健康事项。最重要的是，"智能居家养老"可以在老人身上安装GPS全球定位系统，子女再也无须担心老人外出后走失。智能居家养老是最适合老人的亲情养老，它是传统居家养老的升级和优化，继续了中国儒家文化的"孝"道精神，既满足老年人对"家"的需要，又合并了网络远程技术和实时健康管理的优势，配合智能居家系统让子女随时了解父母的健康状况，父母外出时也不必害怕出现迷路或走失等状况，父母出现意外状况时更能第一时间得到通知，充分满足了子女对老人的呵护需要与管理。

三、居家养老开始智能化——智能居家养老模式

24小时监测系统监护老人安全，贯通物联网（The Internet of Things）技术，通过智能感知、识别技术与普适计算打破传统养老思维，通过各类传感器和计算网络的实施连接，让老人的日常生活（尤其是老年人的日常健康状况分析和出行安全状况）能通过网络让子女远程了解和查看。结合物联网科技手段，让老人在子女身边或他们感到舒适及喜欢的环境里获得最完美的养老生活。武汉侨亚集团老年服务中心发现这种新型养老模式不仅能最大限度地满足老人们的养老定势，还能缓解80后的养老困局，是最适合老人的亲情养老服务模式。

据侨亚老年服务中心调查显示，八成以上的老年人都不希望

在养老机构养老，他们更喜欢和子女待在一起。"我的家就是我的城堡，每一砖一瓦用爱创造，家里人的微笑是我的财宝。"全国老龄办表示，人到了老年状态都会开始恋旧，喜欢待在熟悉的地方，渴望更多来自于家人的关怀与呵护。

但是，如果老人患有慢性疾病，儿女不能经常陪在身边，该如何让渴望更多安全感的老人能够在遇到突发状况时能获得及时的帮助？武汉市江汉路73岁的陈奶奶就面临着这个难题。她患有慢性哮喘，这个病不受气候和环境的影响，一年四季都有可能发作，虽然平时可用药物控制，但是突然发作时极易引发呼吸停止。她说："我是个很要强的人，不想因为我的病给工作忙碌的子女带来不必要麻烦。我想过去养老院，可孩子们对那里还是不放心。"现在陈奶奶的养老质量不会再因独居和慢性疾病而有所下降了，一种名为"智能居家养老"（Smart home care）的服务监测系统解决了绝大多数老年人对居家养老的所有要求。

该智能居家养老系统由一个与互联网连接的电脑、健康服务中心、电话和一系列智能居家养老设备联合组成。老年人通过佩戴这些智能居家养老设备来让子女获取自己的出行状况，并能让健康服务中心的医师及时监控自己的健康动态，如果老人家中或外出时发生异常状况，只要按下呼叫键就能获得健康服务中心的及时救援。通过智能居家养老系统，老人还可以获得最新新闻资讯、健康资讯、精彩影视、幽默笑话等温馨服务。

智能居家养老是最适合老人的亲情养老，它是传统居家养老的升级和优化，继续了中国儒家文化的"孝"道精神，既满足老年人对"家"的需要，又合并了网络远程技术和实时健康管理的优势，配合智能居家系统让子女随时了解父母的健康状况，父母

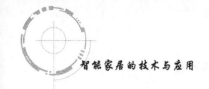

外出时也不必害怕出现迷路或走失等状况，父母出现意外状况时更能第一时间得到通知，充分满足了子女对老人的呵护需要与管理。即使相隔千万里，子女也能随时了解父母的健康动态和出行状况，该智能居家养老系统已在武汉率先试点试用，其智能居家设备体型小、便于携带，操作简单，且价格和市面上的手机价格相差无几，适合所有希望完善养老生活质量的老年人。

四、智能家居对独居老人养老的意义

所谓智能居家养老，就是老年人无须去养老机构，留在自己家里，通过智能居家养老设备为老人提供个性化养老服务。智能居家养老是利用物联网技术，通过智能感知、识别技术与普适计算的整合，让人们最大限度地实现各类传感和计算网络的完整连接，让老人的日常生活（特别是健康状况和出行安全）能被子女等远程查看。智能居家养老是家庭养老、社区养老、居家养老的结合，并融入高科技手段，给老年人带来全程的监督照顾。不同的小区建立起自己的社区养老服务中心，这些服务中心是由政府、社会提供资金建立起来的，各个小区都有自己的网络，和每个家庭的网络相连，同时各个社区的网络都和政府的网络相连接，这样社区网络可以及时发现各个家庭网络出现的状况（家庭网络对老人的日常生活起到监督照顾的作用），并且政府工作人员可以通过网络或是偶尔的走访，起到对社区服务中心的监督和考核。简单说，就是这种养老服务，是政府或市场，靠在社区建立起来的社区养老服务中心，为在家养老的老年人提供生活照顾、家政服务、康复护理和精神慰藉，同时融合先进的养老设备，对老年人实施管理、提供服务，使老年人在家就能养老，在家就能享受到在养老院一样的照顾，而且利用智能的设备使老年人在家养老更加放心，可以说智能居家养老是家庭养老、机构养老、社区养老、居家养老和先进技术的结合。

随着老龄化的加快，社会养老机构无法承担这一重任，于是网上出现了"七十岁的送水老人""五年只用6度电的最节约老人"等。虽然中国的老年人口处于膨胀阶段，但中国对老年人养老的态度却不容乐观。在现阶段，养老院的数量明显不足，面对中国这个庞大的老年人口，想要建立起相应数量的养老院，成本显然是很大；并且许多机构养老都是倾向于营利性质的，收费高，导致许多老人和家庭难以接受，老人仅靠自己的养老金，很难在养老院中生活；而且养老院的地区分配不均衡，农村养老并没有引起足够的重视；许多老年人更倾向于在家养老，而不愿意进入冰冷的养老院；现有的养老院，其中的大多数都是由废旧的学校或是工厂改建而成，养老院的环境差强人意，养老的设施得不到定期的维护，安全性令人担忧；养老院的护工都是一般的家政人员，服务水平难以令人满意。最美不过夕阳红，处在夕阳的老年人晚年最大的愿望就是有个伴、有点底、有个窝、有些老友、享受家的温暖、得到亲人般的照顾。

智能居家养老是符合中国现阶段最好的养老方式，不仅符合中国的养老传统，而且在照顾老人方面更加人性化，使子女更加放心，更加符合老年人晚年养老的需求。

（一）政府方面

可以减少财政支出，减轻老龄化压力。随着老龄人口的增加，按照传统的养老模式，养老院的数量也会根据老年人的人口比例落建，同时养老院里设备的购买，设备的翻新和养护，养老院里的服务人员都需要国家给予大量的财政支持，再加上养

老金的发放，财政负担就相当的繁重了。而采用新型的智能养老居家模式，养老院落成的费用就可以节省，这笔开销显然是相当大的，并且社区里面的就医问题，可以转嫁到附近的医院，健身娱乐可以转嫁到小区的花园（现在大多数小区都幼儿园、小花园等，健身设备齐全，有的甚至还配有游泳馆等一些其他的设备），在设施方面又省了一大笔支出。政府在补贴方面很大程度上只需要雇佣一批人员，采购一些智能配件等高端智能产品的费用。新型的养老模式与传统的养老模式相比，投入就会节省很大的一笔费用，这样老年人的养老金几乎可以自给自足，大大减轻了儿女的负担，是非常符合我国国情的。

智能居家养老还可以带来经济效益，促进经济发展。社区养老服务体系的建设定会带动相关产业的发展。一些智能产品的制造销售、健身设备的热卖、旅游业的红火等都会增加国家的财政收入。

（二）社会方面

可以实现退休职工的再就业，缓解就业压力。最近国家已有趋势要提高职工的退休年龄，但在现实中实施起来却面临着很大的阻力，在未来的几年里，离退休的老人可以在社区养老服务中心提供支援服务，可以在人生的晚年做些有意思的事情，相信许多老年人都会选择的。岗位的设置也会招进一大批年轻的人才来社区进行管理和服务；智能居家养老在加快老龄事业发展的同时，促进了老龄产业的发展，如为第三产业提供了大量的就业岗位和拓展了为老服务市场等。对未来就业压力的减轻、人口老龄化造成的压力减轻也会有显著效果。

（三）家庭方面

可以填补老人情感空缺，提升老人的生活质量和幸福感。家庭养老与机构养老相结合，可以使老人足不出户便享受到优质的养老服务，社区养老服务的工作人员在与老人的交流过程中，填补了老人的精神空白，社区经常举行的老年人活动，有助于提升老年人的热情和满足感。

让老年人感受到老有所养，老有所依。智能居家养老的养老模式以先进的设备为平台，整合各种资源为老年人提供保健、出行安全监控、娱乐等各项服务，在这种模式下，老人可以居住在自己的家庭中，保留了老年人原有的生活习惯，同时通过网络视频，老人可以与远在异地的儿女进行交流，解决老年人亲情淡薄的问题，社区提供的各种服务使老年人感觉到，老了也快乐，老了也幸福。儿女放心，老人舒心。在社区养老服务中心的智能养老模式下，老人可以生活在家中，维持老年人原有生活方式，老人在家养老，不仅可以减少儿女的额外支出，也可以减少父母在养老院由于请护工照顾不周的担忧，即使儿女长时间不在老人身边，都可以放心。

五、智能家居在养老机构中的应用

智能家居在养老院中的应用可以有以下场景：①智能手环。每个老人配备一个智能手环，可以实时监测老人的心率，夜间睡眠状况等。在云端为每个老人建立健康信息账号，手环的监测数据在网络环境中自动上传至云端，存储在老人个人账号里。②智能血压计、智能血糖仪。有看护人员或者老人自行定时测量血压和血糖，数据同样自动上传至云端每个老人名下的个人账号里。通过对云端账号里个人健康数据的分析，为老人建议制定更合理

的饮食计划。③智能家居摄像机。通过智能家居摄像机，可以实现远程监控查看老人实时的状况，老年人体质较弱，很容易出现意外情况，智能家居摄像机的应用，可以更及时地发现突发状况。④跌倒传感器。当跌倒传感器监测到异常数据时，自动发送提示信息至管理系统，提醒管理人员及时查看老人健康状况。⑤指纹密码锁。老年人的记性大多不是很好，时常会有忘记带钥匙的情况发生。配备指纹密码锁，直接输入指纹即可开锁。⑥智能温控器。智能温控器实时监测室内温湿度数据，当数据达到非正常值时，可以自动开启空调或者供暖系统。⑦智能空气净化器。空气净化器检测到室内空气质量过差时，自动开启净化空气，给老人一个健康舒适的环境。⑧无线紧急按钮。无线紧急按钮随身携带在老人身上，或者安装在床头、客厅等易触摸位置，一旦有突发情况，老人可以一键呼救。软硬结合，硬件辅以软件，使老人居住环境更加方便，比如自动灯光、窗帘以及恒温恒湿，使得老人拥有更加舒适的居住环境，便捷的智能家居系统可以有效地减少风险活动，增加居住方便性，再加上紧急呼救系统等。综合考虑人员复杂性，通过简单的布局使得设备发挥最大的智能性。

六、智能居家养老服务现状及问题分析——以武汉市H社区为例

（一）H社区智能居家养老服务基本情况

1. H社区开展智能居家养老的背景

H社区位于湖北省武汉市汉阳区的琴台大道附近，占地面积约0.68平方公里，由于经济发展的地区不平衡，人口流动性大，许多年轻人都外出务工，导致H社区的空巢家庭居多，年轻人白天外出工作，H社区的老人在家养老很不方便，据统计，H社区

现有居民7415人，其中60岁以上的老人占社区总人口的18.7%，社区残疾人163人；占整个江汉二桥街残疾人总人数的1/5；空巢老人28人，H社区各类志愿者825人，占社区总人口的11.1%；随着2012年7月份智能居家养老试点服务的开展，H社区将发展社区服务与居家养老服务相结合，又融入了先进的仪器和设备，构筑"没有围墙的养老院"。

2. H社区开展智能养老服务的原因

H社区在开办智能养老服务前主要是家庭养老，许多年轻人外出求学、打工等，使大多数子女无法长时间陪伴老人在家中养老，老人又不愿意自己到机构中安度晚年，许多老年人在家中无法很好地照顾自己，有的时候老年人病了或是走丢等，都没好的安全保障，老人又不想浪费过多的钱到养老院中生活；为应对人口老龄化，国家十二五规划中提出要提高社会养老服务装备水平，加强养老服务信息化建设，依托现在技术手段，为老年人提供高效便捷的服务，不断提高养老服务水平。武汉市政府响应了国家的号召，以H社区为试点，引入了侨亚公司的智能养老设备和管理模式，开始了智能居家养老的新时代。

3. H社区智能居家养老的开办者及支持者

政府作为社区智能养老服务站的开办者，为养老服务站提供管理和资金支持，引入了侨亚公司的仪器E-脉手表和先进的管理模式，民间组织为服务站开展服务进行组织和实施，服务站接受志愿者参与养老服务。社区里的全体60岁以上的老人1386人和28个空巢老人都参加了此次政府开展的试点活动，都非常满意智能居家养老，而且智能居家的先进设备很容易就使用。

在H智能居家养老在运行过程中，家庭和社会是主要的力

量，政府扮演着居家养老的监督、运行、宣传、财政支持等角色，总的来说居家养老服务是家庭、社会、政府责任共担的一种新机制，其中政府主要是以买单和支持为辅，并扮演着搭建平台的角色，智能居家养老是最终要实现市场化运作的。

4. H社区智能居家养老现状

（1）智能居家养老的服务对象：H社区主要面对本社区里60岁以上和28个空巢的老年人提供服务，本社区里60岁以上的老年人有1386人，还有28个空巢老人生活不能完全自理，社区里的志愿者及服务人员有65人，这些志愿者会在他们空闲的时间来为老年人提供服务。就是每一个人平均负责21个老年人的照顾，可见每个人的工作量是很大的。

（2）智能居家养老的服务方式：智能居家养老利用物联网技术，通过智能感知、识别技术与普适计算打破了传统思维，使人们最大限度地实现各类传感器和计算网络的实施连接，让老人健康状况能被子女远程查看具体的服务方式主要有以下几种方式：

①上门服务。指智能服务中心的工作人员到老年人家中提供生活照料等服务。主要服务项目有生活照料、家居服务、精神慰藉、康复治疗等。

②关爱服务。服务中心的工作人员每天去老年人家中进行问候，给予精神照顾，解决老年人所面临的困难。如代交水电费、陪同购物、聊天等。

③日间服务。服务中心还把白天不能自己照顾自己的老年人集中到一起，提供活动场所，比如棋牌室、康复室、活动室等。

（3）H社区服务站的服务内容：H社区的养老服务主要以养老服务为主，同时还不断增加适合老年人需求的服务，逐步完善社区的养老服务体系。

①生活服务。根据老年人的需求，为老年人提供家政、清洁、就餐、陪伴等服务，如果老年人在家做饭不方便，可以要求服务中心送餐或是到小区的餐厅就餐；若老年人有交水电费、电器维修、搬家、洗衣、理发、购物等生活方面的需求，都可以通过社区的服务站，得到相关服务。

②医疗服务。一是小区通过智能仪器随时对老年人的身体状况进行跟踪；二是小区会对老年人做定期的身体健康检查；三是小区定期举行关于身体健康保健的讲座，宣传健康保健意识。

③精神服务。小区服务人员或志愿者会根据老年人的不同需求，和老年人进行交流，社区还会定期举行联欢会、书画、书法等比赛，开办老年学校，丰富了老年人的精神文化生活。

（4）H社区服务站的特色服务：对服务人员进行专业培训；为老人免费提供个人健康档案；定期组织医疗专家，举行各类老人感兴趣的预防保健、养生话题及健康管理知识讲座，面向全社区老年人免费开放；对老人进行定期体检，提供治疗、运动、生活指导及高血压、糖尿病等十大慢性病的预防和管理服务；辖区家政服务、水电维修等社会为老服务机构进入智能居家养老服务平台。

（5）H社区智能居家养老的经费来源：社区在市区民政局及江汉二桥街工委办事处的高度重视与大力支持下，投资了20多万元，改造了200平方米的危房用于社区智能居家养老服务。社区改造扩建的居家养老服务站设有：服务咨询室、多功能活动

室、日间照料室、医务室、健身康复室、文化活动室、室外活动场所，并配有符合卫生标准的配餐间和就餐厅，并因地制宜地配套了与各类服务相应的设施和设备，为社区老人提供了便利的居家养老服务，得到了社区老年人和社区广大居民群众的欢迎和认可。

（6）H社区智能居家养老的实施效果：武汉市的H社区通过实施智能居家养老取得了很好的成效，主要表现如下。

①丰富了老年人的精神生活。通过试运行，H社区本来采用的是家庭养老模式，但H社区里的年轻人外出打工的占大多数，年轻人没有时间全天候陪在老人身边，老人没有说话的对象也没有家人的关心；智能居家养老运行模式采用之后，每天都会有工作人员到老人的家庭进行慰问，如果老年人感到无聊，可以到社区的服务中心，那里有阅览室、活动中心，而且都是同龄人，丰富了老年人的精神生活。马大爷今年80岁，是桥西街道居民，平时儿子媳妇要上班，马大爷和老伴总感觉空落落的，"我们想去老人院，但孩子们不放心"。有一天，桥西居家养老服务中心试运营，马大爷和老伴体验了一下，"没想到服务还真周到，午餐晚餐、生活起居都有人照顾，还有人陪着说说话、拉拉家常，充满了人情味"。此后，马大爷和老伴白天在服务中心和其他老人一起下下棋、唱唱歌、打打牌，晚上回家与子女团聚，生活过得有滋有味，马大爷说："这里就是我们的第二个家。"

②老人的安全得到保障。在采用家庭养老模式的时候，许多家庭都出现了老人在家突发疾病和走失的现象，但是自从采用了新的养老模式，这种现象就没有发生过，老人佩戴的E-脉手表在老人突发疾病或是走丢的时候都有报警装置和GPS定位系统，提

高了老人独处的安全性。

H社区5号楼1门501的张大爷患有精神性疾病，平时必须有人在家照顾，儿女工作很忙，但又不放心张大爷一个人在家，自从社区采用了智能居家养老，张大爷一个人在家，还经常有社区的服务人员来家照顾，张大爷的女儿放心了许多。并且通过网络，张大爷的女儿在工作时间就可以得知张大爷的一切状况，放心极了。

③节约了养老成本。老人在家养老。屋子的清洁、交电费、做饭等许多生活小事都不能自己完成，子女为老人请保姆的费用多则四五千，少也有二千，老人自己的养老金很难支付起雇用保姆的费用，保姆的照顾子女也并不能完全的放心；采用新的养老方式，家庭只需要购买一块E-脉手表，虽然这个表有点贵，但政府也给予一定的补贴，从长远来看，购买手表的费用和雇用保姆的费用相比就微不足道了，并且老人每个月养老金的费用完全可以自给自足，大大节约了家庭的成本。

（7）H社区智能居家养老服务存在的问题

H社区的智能居家养老虽然取得了很好的成效，但是在运行过程中也存在着一些问题，主要表现在以下几个方面。

①缺乏相关的法律法规作保障。H社区在智能居家养老的过程中，老年人都佩戴了E-脉手表这种智能小挂件，服务人员可能会透漏老年人的一些隐私，不法分子可能利用老年人的隐私实施犯罪，而且老人和社区服务中心出现纠纷或问题时都没有一些相关的法律法规来保障老年人的合法权益。

②专业人员不足，服务效率和质量不高。H社区的就业人员也是普通的家政人员，大多数都是外来的务工人员，学历低、文

化素质不高，并且国家对智能养老的服务领域并不重视，国外好多国家都对服务人员进行培训，培训合格的给予证书，只有手持证书的人才能上岗，国内却对养老的服务不重视，社区服务作为一种对专业知识和专业技能要求都很高的职业，而国内养老人员都是普通的服务人员，不仅影响了养老的服务质量，还制约了养老事业的发展。由于缺乏有效的监督和考核，社区服务站的服务人员的服务热情和服务效率都很难保证。H社区里的65名服务人员负担1386个老年人，平均每个人需要照顾20几个老年人，工作量大，服务人员为完成服务，可能就会出现服务质量不高的现象。

③政府的资金投入不足，资金来源渠道单一。由于H社区智能养老行业刚刚起步，政府出资20多万仅对社区里的危房进行改造，危房改造的环境并不让人满意，而且安全性值得人商榷。H社区并没有其他一些慈善组织或是企业对社区的建造给予支持，服务中心里的配套设施还没有组建齐全，还需要政府进行资金投入。

④政府、社区之间没有统一的网络监管。由于H社区还处于试点状态，其他社区并没有采用这种养老方式，导致H社区和其他的社区没有统一的网络进行沟通，随着智能居家养老的广泛采纳，在政府、社区之间没有统一的网络监管，很难对老年人进行服务和管理，智能养老很难发展下去。

⑤国内对智能居家养老还不够重视。智能居家养老在中国还处于认识阶段，政府并没有广泛实施，并且政府对这一方面还没有引起足够的重视，仅靠H社区作试点，其他社区的老年人对智能居家养老并不理解，也很难接受，智能居家养老作为一种新兴

的行业，国内还不重视，许多公司对于是否投资还是很犹豫，许多老年人对于是否加入还持一定的观望态度。

⑥一些配套设施并不齐全。政府出资20多万元仅对社区里的危房进行改造，改造后的智能养老服务中心的环境还不够完美，政府出资扩建的有服务咨询室、多功能活动室、日间照料室、医务室、健身康复室、文化活动室、室外活动场所、配餐间、就餐厅等，但社区里的这些配套都是一些比较旧的设备。一些医务室里的一些紧急救助设备也是由附近医院捐助的。服务中心里的服务设施也不够齐全，比如仅有几台电脑来支持服务中心的运营。这些配套设施都需要添加。

第二节 智能家居在其他方面的应用

一、智能灯光控制

用智能开关替换传统开关，实现对家里的灯光进行感应控制并可创造任意环境氛围和灯光开关场景。不管是家庭影院的放映灯光，二人共度的浪漫晚宴灯光，朋友聚会的场景灯光还是宁静周末的餐后读报光灯，外出或加班，灯光会都自动调整到相应的模式。根据全天外界的光线自动调整室内灯光，根据全天不同的时间段自动调整室内灯光。

二、智能家电控制

通过遥控控制、电话手机控制、电脑远程控制、定时控制和

场景等多种控制，对空调、热水器、饮水机、电视以及电动窗帘等设备进行智能控制。用户可以根据自己的需求自由地配置和添加家电控制节点。该功能的实现不仅给用户带来了便利，也大大节约了能源。

三、智能安防

安全是住户对智能家居系统的首要要求，智能安防是智能家居的首要组成部分。智能家居通过安防系统中的各种安防探测器（如烟感、移动探测、玻璃破碎探测、门磁等）和门禁、可视对讲、监控录像等组成立体防范系统。可视对讲可以使用户能够很清楚地观察来访者，与来访者对话，并遥控开门。报警系统可以在发生警情时，自动将报警信息发送给小区物业，同时智能家居电话或短信报警系统会将报警信息发送给业主。

四、远程监控

智能家居系统在电信宽带平台上，通过IE或者手机远程调控家居内摄像头从而实现远程探视。当出门在外时，可以随时用IE或者手机查看家中的实时影像，了解家中情况，远程探视家人；当窃贼趁家中无人进行行窃时，自动报警信号及时拨打手机，传送实时视频，并对现场进行录像、喊话驱逐；当出现意外失火或是煤气泄漏等情况，家庭视频监控系统会自动将告警信息发送到预先设定的手机号上。

五、家庭医疗保健和监护

利用Internet，实现家庭的远程医疗和监护。Internet在智能家居医疗保健中的作用有很大的潜力不仅有助身心更加健康，而且会降低医疗保健成本。在家中将测量的血压、体温、脉搏、葡萄糖含量等参数传递给医疗保健专家，并和医院保健专家在线咨询和讨论，省去了许多在医院排队等候的麻烦。

附：智能家居行业优秀案例

21世纪以来，电子科学技术和智能网络技术飞速发展，各行各业都争相引进高科技产品提升自身的竞争力。家居控制也呈现智能化、网络化以及远程监控化。本文针对智能家居控制系统做出详细分析，从智能控制系统的硬件安装、软件设计及其对家居的影响进行实例研究，这对于进一步提高家居智能化的实际应用水平具有重要意义。

一、智能家居的代表作"微软——未来之家"

西方甚至能够代表整个人类居住梦想的房子，比尔·盖茨的家应该可以当作范例。

1. 地点：西雅图。

2. 环境：华盛顿湖东岸，岸边小山挖去一半，前临水、后倚山，堪称聚拢财气、卧虎藏龙的风水宝地。

3. 占地：66000平方英亩，相当于几十个足球场。

4. 建造耗时：土木工程整整七年。

5. 建造成本：9700万美元。

6. 房屋格局：七间卧室、六所厨房、24个浴室、一座穹顶图书馆、一座会客大厅和一片养殖鳟鱼的人工湖泊。

7. 维护成本：每年光上缴税金就要100万美元。

8. 建筑特色：智能化。

还是领教一下这座豪宅"聪明"手段吧。访客从一进门开始，就会领到一个内建微晶片的胸针，可以预先设定你偏好的温度、湿度、灯光、音乐、画作等等条件；无论你走到哪里，内建的感测器就会将这些资料传送至Windows NT系统的中央电脑，

将环境调整到宾至如归的境地。

游艇就停泊在豪宅前的小码头上，步入家门之前，最好先别上主人事先备好的"电子胸针"，这个小玩意儿不但能辨认客人，还能把每位来宾的详细资料藏在胸针里，如果没有这枚"胸针"就麻烦了，防卫系统会把陌生的访客当作"小偷"或者"入侵者"，警报一响，便有人倒霉。

走进大厅，空调已将室温乖乖地调整到最舒适范围，高级音响忙活起来，它同样掌握客人的不同欣赏口味。灯光也见风使舵，调换色调。墙上的大屏幕液晶电视，会自动显示你喜欢的名画或影片，这些察言观色的讨好动作都是自动完成，根本不需要谁拿着遥控器摁来摁去。

据了解，整座豪宅内，数字神经绵密完整，种种信息家电，就此通过联结而"活"起来。

智能豪宅里唯一带有传统意味的事物是一棵140岁的老枫树。比尔·盖茨非常喜欢它，于是，他对这棵树进行24小时的全方位监控，一旦监视系统发现它有干燥的迹象，将释放适量的水来为它解渴。

二、智能化家居现状和案例

智能家居在中国已经有十几年时间，通过近几年的厂家推广、媒体宣传，智能家居概念基本已经形成，从市场接受程度看，中国智能家居处于逐步接受阶段，和国外对比还是有很多不同点。

1. 居住环境的不同，国外的居住环境比较分散，区别于国内的小区生活，存在更多的DIY可能性。

2. 经济实体不同，国外已经有很强的配套运作能力，产品不光一个销售问题，同时要有完善的安装、售前、售中、售后服务。欧美地区很早进入防盗报警、CCTV的产品的应用，已经形成比较完善的售后服务体系，总体的行业发展成熟度比国内好。

3. 渠道程度，欧美地区的智能家居，包括安防产品已经进入超市销售，他们有独立的配套公司进行安装和售后服务，已经进入类似国内的空调行业销售模式。这个销售模式也取决于他们的产品，国外智能家居功能不像国内那么复杂，存在更多的DIY可能性。

三、其他住宅科技化产品的介绍

1. 地源热泵系统。它被埋地下，实现地底温差换热。依托这套系统，可在书房、卧室、视听室等比较私密的地方，设置水暖系统，暖风从地面上升，让人体均匀地感受温暖。同时，它还能够避免电暖系统热经常造成家具积热变形的问题。其中天屿、世茂佘山庄园、朗诗国际均有应用。

2. 中央吸尘系统。在每个空间预设吸尘孔，可以完成9米范围内的吸尘工作，解决了机器搬动和吸尘噪音的问题。

3. 即时加热中央热水系统［美国恒热（Everhot）品牌］。它是国外众多豪华别墅的专用品牌。它的独特之处就在于打开龙头的时候，热水能够马上出来，而不像普通热水系统那样要先放一段时间的水才有热水供应。

4. 铜管软水工艺。能将市政硬水软化，便于人体吸收，更健康，同时也能保持水管的清洁、畅通，保护人体的皮肤。

5. 燃气壁挂采暖系统

①分户采暖，每家一台壁挂炉，可根据住户自己的需要灵活调节供热温度，避免了集中供热中调节困难，能量浪费的问题。

②完全按照每户的燃气使用量收费，避免了目前大多数集中供暖系统按照建筑面积收费的不合理性，可以真正实现舒适性和运行费用的统一。

③由于使用天然气或者石油气等作为热源，对环境的污染大大减少。

④采暖和生活热水的一体化，使燃气壁挂炉成为家庭的小型能源中心，壁挂炉一机多用，使用灵活，而且减少了占地面积，方便了用户，提高了居民的生活质量。

6. 24小时全热交换系统

这种新风系统基本上可以弥补自然通风的缺点。从舒适度上来讲，它连续均匀地将室外相对新鲜的空气引入室内，形成有序的通风，给室内补充足够的新鲜空气。而在引入室外空气的同时，也会通过热交换器平衡温差，这样引进室内的空气就不会过冷或过热。从隔音上看，这种隔绝在外，而系统本身在运作中时，噪音仅有35到40分贝，又位于相对隐蔽的功能区，所以我们在生活区基本是听不到任何噪音的；从过滤上看，无论是由于开窗通风而进入的有害气体还是由于紧闭门窗而产生的污浊空气和氧气的缺乏，新风系统都可以解决，它将室内以二氧化碳为主的污浊空气经热回收后排向室外，新鲜空气经过滤网后再进入高效热回收器，然后送入室内，室内的空气就一直保持着新鲜状态。

7. 混凝土顶棚辐射制冷制热系统

通过预埋在混凝土楼板中的均布水管，依靠常温水为冷热媒来进行制冷制热。夏季送水温度为20℃左右，回水温度为26℃左右；冬季送水温度28℃左右，回水温度为20℃左右，温差加热或制冷混凝土楼板，再通过楼板以辐射方式进行传热，调节室内温度。

该智能家居系统温度分布均匀，室内没有机械转动部件，辐射温度与空气温度相差小，没有吹风感且空气洁净，安静无噪声且不占用室内空间。

该系统初始投入成本较高，运行成本较低，较空调系统节能5~6度电左右。

8. 外遮阳系统

窗外安装铝合金外遮阳卷帘，其遮阳率最高可达80%，不仅可以遮挡直射辐射，还可以遮挡漫射辐射，从而降低室内制冷负荷，达到节能的目的。

绿色科技住宅的外遮阳系统可以自由调节室内光照度，根据人们的生活习惯，选择室内亮度，是真正人性化的设计。在朗诗国际有应用，外遮阳系统一自由调控室内光线，适应人体生理需要，投入成本不高，但能引起客户对产品的兴趣，能增加产品卖点。

9. 中水回收利用处理技术

中水水源包括：冷却排水、淋浴排水、盥洗排水、厨房排水、厕所排水等。对于住宅建筑可考虑除厕所生活污水外其余排水作为中水水源。经过回收—消毒—沉淀—蓄水—过滤后用于冲洗厕所、拖地、洗涤、庭院绿化。

中水的自动回用单个成本较低，每户设备、建安成本约600元，为住户减少水资源浪费，节约水费。可成为房产销售一个有力的卖点。

住宅科技化是住宅产业发展的必然趋势，随着社会的发展、科技的进步，房地产的硬件产品和软件服务（如物业管理）都需要具有科技含量，这种科技含量的不断增加是规律使然。公司在

住宅科技化方面更应专于研究，及时把握科技动态与市场信息，对不断更新的住宅科技化产品进行持续的研究分析，并致力于实际的应用。这样，才能够真正把握住宅科技化的潮流所向，假以时日，也可引领潮流。

结　束　语

　　随着社会经济的发展、科学技术的不断进步，以及普通老百姓的生活水平的不断提高，大家对日常家居环境生活的要求也越来越高，随之，智能家居系统应用场景也越来越广泛、应用层面越来越深刻。本书对主要对智能家居系统技术与应用进行系统的研究和构想，相信无论是对我们智能家居的学习的在校生、社会业余爱好者，还是智能家居行业的从业者都有相当大的学习意义和借鉴意义。

　　本书主要完成了以下工作：首先简单介绍的智能家居系统，分析了智能家居的发展背景、技术特点和系统组成，剖析当前国内外智能家居的发展现状与我国目前发展智能家居面临的难得机遇。其次，重点突出了智能家居发展的技术理念与原则要求，以及可见未来的发展趋势。最后，简明扼要地介绍了智能家居在人们日常生活的应用，尤其是在养老方面发挥着不可忽视的作用。

　　当然，限于本书篇幅，本书依然有很多内容没有详加讲述。为了更好地突出，以及向读者展现本书的核心观点与内容，很多概念的提法，只能一笔带过，若读者感兴趣可以自己进入互联网，搜索更加详细的文本资料，或者阅读本书后面的参考文献。

参 考 文 献

[1] 李江权.基于无线传感网络的环境监测系统研究[D].南京：南京大学，2012.

[2] 刘婵媛.基于物联网的智能家居系统研究与实现[D].北京：北京邮电大学，2012.

[3] 黎连业，郭春芳，向东明.无线网络及其应用技术[M].北京:清华大学出版社，2015.

[4] 董海涛.基于Zigbee的无线传感器网络的设计与实现[D].合肥:中国科学技术大学，2014.

[5] 熬志刚.GSM网络优化原理与工程[M].北京：人民邮电出版社，2010.

[6] 崔娟.嵌入式超低耗无线传感器网络的研究[D].哈尔滨：哈尔滨理工大学，2009.

[7] 张曦煌.无线传感器网络的研究[D].无锡:江南大学，2011.

[8] 周涛.基于无线传感器网络的智能家居安防系统[D].太原：太原理工大学，2011.

[9] 王汉中.基于ZigBeeE收发器CC2430的分布式温度测量系统的设计[D].武汉:华中师范大学，2014.

[10] 黄湘莹，张认成.CO气体传感器在火灾探测中的应用[J].仪表技术与传感器，2006.

[11] 郑州炜.盛电子科技有限公司.MQ-7数据手册，2009.

[12] 周涛，胡或.基于无线传感器网络的智能家居安防系统[J].科技论文在线，2010.

[13] 周游，方滨，王普.基于ZigBee技术的智能家居无线网络系统[J].电子技术与应用，2015.

[14] 郦亮.IEEE802.15.4标准及其应用[J].电子设计应用，

2013.

[15]徐卓农.智能家居系统的现状与发展综述[J].电气自动化，2014.

[16]余永权.智能家居网络的架构，功能及发展[J].电子世界，2012.

[17]易强.基于 3G 和 ZigBee 的智能家居无线传感网络系统设计与实现[D].广州：广东工业大学，2012.

[18]王珏.智能家居未来发展畅想[J].中国公共安全，2013.

[19] 李莹.居家养老模式的实践与探索——以浦东新区南码头路社区为例[D].上海：复旦大学，2010.

[20] 李晓华.社区照顾理论和我国养老方式的选择[J].理论学刊，2015.

[21] 吕新萍.院舍照顾还是社区照顾——中国养老模式的可能性探讨[J].人口与经济，2015.